사고하고 이해하면 풀린다 :)

지노 사이다 수학 시리즈
시크릿 독서 워크북

JINOPRESS

푸는 수학책이 아니라
읽는 수학책으로
기본부터 제대로 다진다!

— 톡 쏘는 방정식
— 보글보글 기하
— 경이로운 수
— 맛있는 연산
— 시원폭발 함수
— 두근두근 확률과 통계

지노 '사이다 수학 시리즈'
삶의 길을 열어주는
즐거운 수학 공부!

시크릿 독서 워크북
지노 사이다 수학 시리즈

지은이 류수경 | **편집기획** 북지욱림 | **본문디자인** 히웅 | **종이** 다올페이퍼 | **제작** 명지북프린팅 | **펴낸곳** 지노 | **펴낸이** 도진호, 조소진
출판신고 2018년 4월 4일 | **주소** 경기도 고양시 일산서구 강선로 49, 916호 | **전화** 070-4156-7770 | **팩스** 031-629-6577 | **이메일** jinopress@gmail.com

수학자 수냐의 지노 '사이다 수학 시리즈'를 읽고 류수경 선생님이 안내하는 독서 워크북을 만나다!

"수학은 도대체 왜 배우는 거예요?" 학생들에게 가장 많이 받는 질문입니다. 그에 대한 답을 찾기 위해 초임교사 시절부터 찾은 것이 바로 수학 관련 도서였습니다. 다양한 수학 관련 도서를 접하면서 좋은 수학 교양서적이 많다는 것을 알게 되었고, 이를 활용한 독서 활동을 시도하기도 하였습니다. 하지만 중학교 학생들이 교실에서 지금 배우고 있는 내용에 대해 직접적으로 그 의미와 쓰임을 깊이 있게 알려주는 책을 찾기는 힘들었습니다. 학생들에게 꼭 맞는 수학 관련 도서를 찾아 긴 시간 헤맨 끝에 만난 것이 바로 '지노 사이다 수학 시리즈'입니다.

이 시리즈는 수, 연산, 방정식, 함수, 기하, 확률과 통계 이렇게 6가지 영역에 맞추어 중학생들이 배우는 내용 수준에서 각 영역의 역사, 수학적 의미, 공부법, 쓰임 등에 대해 깊이 있게 다루고 있습니다. 이 책들을 학생들에게 꼭 읽혀봐야겠다고 생각했는데 좋은 기회가 생겨 시리즈 전체에 대한 독서 활동지(워크북)를 제작하게 되었습니다. 워크북은 읽기 전, 읽는 중, 읽은 후의 활동으로 나누어 제작하였고 읽는 중의 경우 본문 각 장의 내용 이해를 돕는 활동 또는 확장된 사고를 유도하는 활동으로 구성하였습니다. 수학 교양 도서 읽기를 통해 학생들에게 수학과 삶을 연결하는 기회를 제공하고 싶은 선생님들과 학부모님들, 수학 공부의 즐거움을 찾고자 하는 학생들에게 도움이 되는 자료이기를 바랍니다. ― **류수경 (서울 내곡중 수학 교사)**

지노 사이다 수학 시리즈 1 – **톡 쏘는 방정식**

독서 활동지 활용법

 활동 소개
독서 과정을 '읽기 전' '읽는 중' '읽은 후'로 나누고, '읽는 중'은 부별로 활동을 나누었습니다.
각 부의 내용을 정리하고 필요한 활동들을 소개하였습니다.

 활동 카드
진행하는 교사가 실정에 맞게 재구성할 수 있도록 카드 형식으로 편집하였습니다.
독자 수준이나 독후 활동 가용 시간에 맞는 활동을 골라 진행하면 됩니다.

 활용 팁
더 자세한 설명이 필요한 활동에 '활용 팁'을 넣었습니다.

이 책을 읽는 목적은 방정식에 대한 더 깊은 이해나 흥미에 있을 것이다. 따라서 책을 읽기 전에 방정식에 대해 가지고 있는 생각들을 떠올려보게 하는 활동을 해보고 책을 읽은 후에 생각의 변화가 있는지 알아보면 이후 목적 달성의 정도를 살펴보는 데 도움이 될 것이다.

■ '방정식'이라는 단어를 들었을 때 내 머릿속에 떠오르는 생각들을 적어봅시다.

■ '방정식'이라는 단어를 들었을 때 내 머릿속에 떠오르는 생각들을 마인드맵으로 그려봅시다.

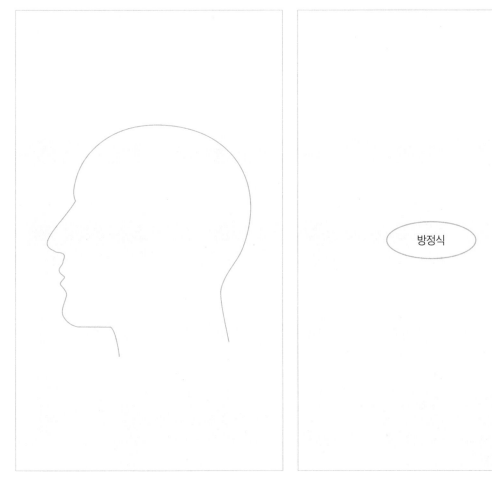

방정식

활용 팁

- 뇌구조나 마인드맵을 개인별 프린트로 나누어서 각자가 작성할 수도 있고, 모둠별로 한 장씩 만들 수도 있다.
- 모둠 활동의 경우, 활동지가 아니라 공동작업이 가능한 온라인 협업툴을 이용하여 뇌구조나 마인드맵을 함께 그리게 할 수도 있다.
- 워드아트(워드클라우드) 사이트를 이용하여 '방정식' 하면 떠오르는 단어들을 마음껏 쓰게 한 뒤 그 결과를 학생들에게 보여줄 수 있다.

들어가는 글과 차례를 읽고

활동 소개

책을 읽을 때, 들어가는 글이나 차례를 잘 읽지 않거나 대충 읽는 경우가 많다. 하지만 이는 본격적으로 읽기 전에 책을 쓴 목적이나 주제, 내용에 대한 길잡이가 된다. 따라서 학생들이 미리 이 책의 내용과 주제를 예측해볼 수 있는 활동을 구성하였다.

■ '들어가는 글'을 읽고 다음을 정리해보자.

(1) 저자는 어떤 사람을 위해 이 책을 썼는가?

(2) 저자는 이 책을 통해 방정식의 어떤 것을 알려주려고 하는가?

(3) 저자가 방정식을 통해 최종적으로 독자에게 이야기하고 싶은 것은 무엇인가?

■ '차례'를 잘 살펴보고 다음 물음에 답해보자.

(1) 누군가에게서 차례의 제목과 같은 질문을 받는다면 나는 어떤 대답을 해줄 수 있을까? 다음 중 대답할 수 있는 질문이 있다면 답을 달아보자.

>>>> 1부) 방정식을 왜 배울까?

>>>> 2부) 방정식이란 무엇인가?

>>>> 3부) 방정식을 어떻게 다룰까?

>>>> 4부) 방정식, 어디에 써먹나?

>>>> 5부) 인공지능 시대의 방정식

(2) 시간이 부족해 이 책의 절반만 읽어야 한다면 어떤 부분을 골라서 읽을까? 차례를 보고 가장 중요하다고 생각하거나 본인에게 흥미 있는 부분을 골라보자.

활용 팁

- 활동지를 공유문서로 만들어 각자 대답할 수 있는 질문에 대한 답을 동일한 활동지에 적어 내용을 풍성하게 만들 수도 있겠다.
- 절반이 아니라 가장 흥미 있어 보이는 한 챕터만 뽑아보는 활동으로 바꿀 수 있다.

본문 – 1부. 방정식을 왜 배울까?

활동 소개

1부는 이 책의 도입부로서 일상생활 속 곳곳에 숨어 있는 방정식이 왜 어렵고 쓸모없게 느껴지는지 독자들에게 질문을 던진다. 이를 통해 방정식에 대한 각자의 감정을 나누어보고 책의 내용을 바탕으로 질문 던지기를 해본다.

■ 방정식이 어려운 이유는 방정식 탓일까? 잘못 배운 탓일까? 방정식이 싫거나 어렵다면 자신의 경험에 비추어 그 이유를 써보자. 혹시 방정식이 쉽고 재미있다면 그 이유를 써봐도 좋다.

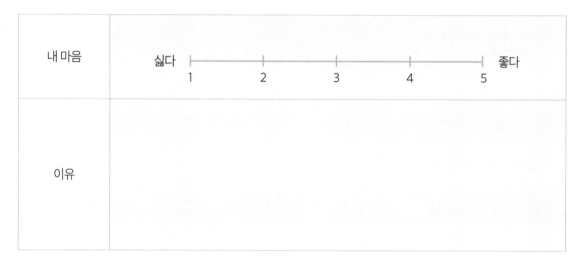

내 마음	싫다 ├───┼───┼───┼───┤ 좋다 　　　1　　2　　3　　4　　5
이유	

■ 자신의 생각을 발표해보고 방정식이 쉽고 재미있는 학생과 어렵고 재미없는 학생 간에는 어떤 차이가 있는지 정리해보자.

어렵고 재미없는 이유	쉽고 재미있는 이유

■ 다음은 1부를 읽고 생긴 질문들을 정리한 것이다. 다음 질문을 보고 나도 궁금하다는 생각이 든다면 체크해보자.

질문	
책에서 여러 가지 공식들을 자꾸 방정식이라고 하는데 이게 왜 방정식이지?	☐
방정식을 어떻게 좌표랑 결합시키지? 그래프를 그린다고?	☐
일상 언어에서 방정식이 왜 '방법이나 비법' 같은 의미로 쓰일까?	☐
방정식의 기본 아이디어 정도는 꼭 알아둘 필요가 있다고? 동의가 안 되는데.	☐
방정식을 누구나 일상에 활용할 수 있다고? 교과서 활용 문제는 그렇지 않던데?	☐
방정식에 담긴 이야기(history)는 무엇일까?	☐

활용 팁 학생들이 직접 1부를 읽고 생긴 질문들을 적어보고 서로 의견을 나누어도 좋다. 학생들이 질문을 만들어내지 못하면 위의 질문들을 활용하여 이야기를 나누어볼 수도 있다. 이 질문에 대한 답들을 이후 2, 3, 4, 5부를 읽으면서 찾아보자고 이야기해본다.

본문 – 2부. 방정식이란 무엇인가?

활동 소개

2부에서는 방정식이 무엇인지 알기 위해 등식에 대해 먼저 알아본다. 그리고 방정식의 뜻을 살펴보고 방정식이라는 이름의 유래를 알기 위해 중국의 '방정문제'를 함께 해결해본다. 방정식은 어떤 상황에서 필요하고 쓰이는지 〈히든 피겨스〉라는 영화 이야기 속으로 들어가본다. 워크북에서는 책 내용을 바탕으로 좀 더 수학적인 논의를 할 수 있는 활동들을 구성하였다. 단순히 평형을 이루고 있는 저울이 아닌 등식의 다른 성질들을 논의해보고 연립방정식과 방정문제를 비교해서 풀어보는 활동들이 있다. 독자들의 학년이나 수준에 맞게 활동을 선택하여 진행할 수 있다.

■ **방정식은 곧 등식이다?! 이것은 우리가 학교에서 배운 내용과 다르다. 필자는 왜 이런 이야기를 했을까? 다음 활동을 통해 알아보자.**

(1) 다음 용어의 정의를 찾아 써보자. (한글 용어는 한글로, 영문 용어는 영어로 쓸 것)

단어	뜻
방정식	
equation	
등식	
equality	

(2) 왜 "방정식은 곧 등식이다"라고 말했으며 그 근거는 무엇일까?

(3) 처음에 저자는 방정식이 넓은 의미에서 등식이라고 이야기했지만 이후에 좁은 의미로 방정식을 다시 정의한다. 방정식의 뜻을 적어보고 방정식의 속성에 맞게 이름을 다시 짓는다면 뭐라고 지으면 좋을지 작명을 해보자.

활용 팁 '방정식은 등식이다'라는 말이 학생들에게 혼란을 가져올 수 있다고 생각한다면 영영사전으로 용어의 뜻을 찾아보는 활동을 통해 저자의 의도를 알아볼 수 있다.

■ 저자는 "등호에도 방향이 있다"라고 이야기하였다. 아래 글과 관련하여 등호의 방향성이 어떤 의미를 가지는지 의논해보자.

(가) 좋은 등식이란 단순히 계산을 하기 위한 방정식이 아니다. 거의 같을 것이라고 추정되는 두 개체가 실제로 같은지 확인시켜주는 저울도 아니다. 과학자들은 오히려 '='를 새로운 아이디어를 위한 망원경, 즉 미지의 영역으로 안내하는 도구로 이용하기 시작했다. — 데이비드 보더니스, 『E=mc²』 중에서

(나) 2x + 3y − 5(x+y)

   → 2x + 3y − 5x − 5y

   → −3x − 2y

선생님 : 하나야, 왜 계산 중간중간에 화살표를 썼어?

하 　 나 : 계산해서 이렇게 되었다는 걸 보여주려고요.

선생님 : 화살표 대신 등호를 써야지.

하 　 나 : 등호는 왼쪽과 오른쪽이 같다고 표시할 때 쓰는 거 아니에요?

활용 팁　교과서 속 등식이 평형을 유지하고 있는 저울의 이미지로 강조되는 것과 관련하여 등호를 보는 새로운 관점에 대해 이야기해볼 수 있다. 위의 예문에서 등호는 새로운 상태로의 변환을 의미한다.

■ 책에서 공식은 계산의 규칙을 나타낸 식으로 '항등식이자 방정식'이라고 한다. 어떻게 항등식이 되었다가 방정식이 되는 변신이 가능한지 삼각형의 넓이 구하는 공식 $S=\frac{1}{2}ah$를 예로 들어 설명해보자. (단, S는 삼각형의 넓이, a는 밑변, h는 높이이다.)

(1) 항등식이라고 할 수 있는 이유

(2) 방정식이라고 할 수 있는 이유

■ 영화 〈히든 피겨스〉에서 우주선의 귀환에 알맞은 타이밍과 위치를 알기 위해 방정식이 어떻게 활용되었는지 써보고 방정식이 정말 그 문제를 해결할 수 있는 최선의 방법이었는지 생각해보자.

- -

활용 팁

- 삼각형의 넓이 공식을 쓸 수도 있고 다른 공식을 각자 정해서 설명해볼 수도 있다.

- 영화 〈히든 피겨스〉를 보거나 시간이 없다면 유튜브에서 영화 리뷰를 찾아 보여줄 수도 있다. (20~30분짜리 편집본을 찾을 수 있다.)

■ 다음 미지수가 두 개인 연립일차방정식을 교과서에서 배운 가감법과 중국의 '방정'에서 나오는 방법을 이용하여 각각 풀어보고 공통점과 차이점을 찾아보자.

$$\begin{cases} 2x + 3y = -6 \\ 5x + 2y = 7 \end{cases}$$

풀이(가감법)	풀이(방정)

공통점	차이점

본문 – 3부. 방정식을 어떻게 다룰까?

활동 소개

3부는 방정식을 푸는 방법에 대한 내용으로 독자의 수준에 따라 그 이해도가 다를 수 있다. 하지만 상위 학년의 내용이라도 학생들이 대충 읽으면서 풀이의 핵심이 결국은 일차방정식으로 돌아가는 데 있음을 이해할 수 있도록 한다. 3부의 내용은 교과서에서 배우는 내용과 직접적으로 연결되어 있어 방정식 풀이와 관련한 활동들을 구성하였다. 독자들의 학년이나 수준에 맞게 활동을 선택하여 진행할 수 있다.

■ 방정식 이전에 우리가 다루었던 등식과 중학교에서 배우는 방정식이 사고의 방향에서 어떤 차이점이 있는지 정리해보고 그것이 방정식을 어려워하는 이유와 어떤 관련이 있는지 써보자.

방정식 이전의 등식	방정식
방정식을 어려워하는 이유	

■ 방정식의 풀이와 관련된 용어의 의미를 찾아 정리해보자.

(1) '방정식을 푼다'와 'solve an equation'

(2) '근'과 '根'과 'root'

(3) '해'와 '解'

■ 연립방정식, 이차, 삼차, 사차방정식……. 여러 가지 복잡한 방정식을 푸는 과정에서 핵심이 되는 것은 무엇인지 정리해보자.

■ 일차방정식을 풀기 위해 무미건조한 눈빛을 장착해보자.

(1) '5배 한 후 7을 더해서 −8이 되는 수가 무엇일까?'를 수학의 무미건조한 마음으로 번역해보자.

---

(2) 번역한 식을 조작하여 답을 구해보고, 조작의 근거를 옆에 적어보자.

---

(3) 다시 인간적인 마음으로 돌아와서 앞에서 구한 '5배 한 후 7을 더해서 −8이 되는 수'를 확인해보자.

■ **다음은 디오판토스의 나이를 맞추는 문제이다. 물음에 답해보자.**

"보라! 여기에 디오판토스 일생의 기록이 있다. 그 생애의 $\frac{1}{6}$ 은 소년이었고, 그 후 $\frac{1}{12}$ 이 지나서 수염이 나기 시작했고, 다시 $\frac{1}{7}$ 이 지나서 결혼했다. 그가 결혼한 지 5년 뒤에 아들이 태어났으나 그 아들은 아버지의 반밖에 살지 못했다. 그는 아들이 죽은 지 4년 후에 죽었다. 그는 몇 살까지 살았을까?"

(1) 책에서 제시한 방정식을 세우는 과정에 맞추어 디오판토스의 나이를 맞추는 식을 세워보자.

0. 수로 표현 가능한 것들만 따진다.	
1. 인과관계에 따라 이야기를 만든다.	
2. 원인과 결과가 무엇인지를 구분한다.	
3. 원인의 이야기를 수식으로 표현해 등호의 좌변에 놓는다.	
4. 결괏값을 등호의 우변에 놓는다. 끝!	

(2) 위의 식을 통해 디오판토스의 나이를 구하고 디오판토스의 일생을 재구성하여 써보자.

"보라! 여기에 디오판토스 일생의 기록이 있다. 그는 (   )살까지 소년이었고, (   )년 후 수염이 나기 시작했고, 그의 나이 (   )세에 결혼했다. 그가 결혼한 지 5년 뒤에 아들이 태어났으나 그 아들은 아버지의 반밖에 살지 못하고 (   )세에 죽었다. 당시 그의 나이는 (   )세였다. 그는 아들이 죽은 지 4년 후에 죽었다. (   )년의 일생이 마무리된 것이다.

활용 팁

• 중학교 1학년 교육과정 내용(일차방정식의 풀이).

• 일차방정식의 문제를 풀고 끝내는 것이 아니라 수학의 세계에서 다시 실제 세계로 돌아와서 확인해보는 단계를 넣었다.

■ 이차방정식을 푸는 데는 인수분해를 이용한 방법과 완전제곱식을 이용한 방법이 있다. 이 두 방법의 관계를 풀이 가능 범위의 관점에서 정리해보자.

■ 완전제곱식을 이용한 방법과 근의 공식은 어떤 관계인지 정리해보자.

■ 다음은 일차방정식과 이차방정식의 해를 바로 구할 수 있는 공식이다. 모든 방정식에 공식을 외워서 적용하는 방법과 풀이 과정을 이해해서 그 과정에 따라 푸는 방법 중 어느 것이 나에게 도움이 되는지 생각을 적어보자.

일차방정식 $ax + b = 0$에서, $x = -\dfrac{b}{a}$ (단, a, b는 상수, $a \neq 0$)	이차방정식 $ax^2 + bx + c = 0$에서, $x = \dfrac{-b \pm \sqrt{b^2 - 4ac}}{2a}$ (단, a, b, c는 상수, $a \neq 0$)

활용 팁

• 중학교 3학년 교육과정 내용(이차방정식의 풀이).

• 이차방정식을 해결하는 각 방법에 대해 정리하고 언제 사용하면 좋은지, 공식은 무조건 외워야 할지에 대해 생각해본다.

• 공식 암기와 이해의 장단점을 나누어 써보게 하는 것도 좋다.

본문 – 4부. 방정식, 어디에 써먹니?

활동 소개

4부는 방정식이 어떤 필요로 만들어지고 발전되었는지, 그 발전이 어떤 또 다른 진보를 가져왔는지를 역사적으로 보여준다. 또한 내 삶에 방정식이 직접 어떻게 연관되는지도 엿볼 수 있다. 따라서 방정식의 역사적 의미를 정리하고 삶 속에서 방정식의 유용성을 느껴볼 수 있는 활동을 구성하였다.

■ '방정식은 소원성취식이다.' 우리가 원하는 것을 이루는 데도 방정식이 도움을 줄 수 있을까? 다음 글을 읽고 이 일본인 친구의 고민을 방정식으로 해결해줄 수 있을지 생각해보자.

나는 소프트볼 동아리 활동을 하고 있는데 곧 글러브를 새로 사려고 맘먹고 있어. 하지만 동아리가 일찍 끝나는 날은 늘 친구들이랑 패스트푸드점에 들르거든. 거기서 용돈을 너무 써버리는 통에 도무지 돈이 모이질 않아. 돈이 필요하다면 군것질을 하지 않으면 되지 않느냐고 할지 모르지만 그게 현실적으로 쉽지 않아. 친구들과 다 같이 사먹는데, 개별 행동을 하고 싶지는 않거든. 내 정보는 다음과 같아.

- 한 달 용돈 : 3000엔 / 동아리가 일찍 끝나는 날은 매주 두 번으로 화, 토요일(한 달에 9번 있는 것으로 계산)
- 패스트푸드점에서 주문하는 메뉴 : 180엔짜리 햄버거랑 100엔짜리 콜라(햄버거는 120엔이 가장 저렴, 목이 말라 콜라는 꼭 마심)
- 글러브의 가격 : 6000엔 / 목표 기간 : 4개월

〈해결 방법〉

지금까지도 새 글러브를 갖고 싶은 마음은 있었지만, 그 바람을 구체적인 행동으로 이어 나가지는 못했다. 아니, 구체적으로 어떻게 해야 하는지 생각하지 않았다. 단지 막연하게 '절약하고 있다' 생각하고 언젠가는 모아질 거라고 믿으며 한없이 기다렸다. 아, 정말 야무지지 못한 것도 정도가 있지. 하지만 이렇게까지 구체적인 수치를 들이대면 하기 싫어도 실행에 옮기지 않을 수 없다. 달걀 프라이 없는 햄버거를 먹는 게 고통스럽긴 하겠지만 새 글러브가 현실적인 것으로 보이기 시작했다. ―『어서 오세요! 수학가게입니다』(무카이 쇼고, 탐) 중에서

활용 팁

- 실제 책에서는 부등식으로 문제를 해결하지만 방정식으로 풀어도 해결이 가능할 수 있다.
- 자신이 가진 계획 중에 수학으로 해결할 수 있는 문제가 있는지 생각해보고 다음 활동과 연계할 수 있다.

■ 내가 현재 가지고 있는 꿈이나 목표가 있는가? 그것을 위해 어떤 계획을 세우고 있는가? 아주 작은 소망이라도 가지고 있다면 이루기 위한 계획을 세워보자. 그리고 그것에 비록 수식이 없더라도 방정식과 어떻게 의미가 닿아 있는지 자신의 생각을 써보자.

나의 소망	
그것을 위한 나의 계획	
방정식과 계획의 연관성	

■ **수학사적 관점에서 다음 물음에 답해보자.**

(1) 이 책을 읽지 않은 친구가 "도대체 누가 왜 방정식을 만든 거야?"라고 물어봤다면 이 책을 읽은 여러분은 뭐라고 대답해줄 수 있을지 써보자.

(2) 수학에서 방정식이 중요하게 다루어지는 이유를 정리해보자.

■ 걷고 싶은 거리를 만들어주는 방정식, 버스의 배차간격 방정식, 야구 경기에서 승리할 확률을 다룬 방정식, 히트곡 방정식 등 책에서 언급한 방정식 외에도 세상에는 별별 방정식이 존재한다. 검색 등을 통해 세상 속에 숨어 있는 색다른 방정식을 찾아보고 인간이 이렇게 다양한 방정식을 만들려고 하는 이유를 생각해보자.

〈활동 방법 – 방정식 검색하기〉
① 본인이 궁금한 것, 생각나는 단어와 방정식을 연결하여 뉴스를 검색한다.
　예시) '다이어트 방정식'이라고 쓰고 검색
② 관련 방정식이 없다면 다른 단어로도 검색해본다.
③ 관련 방정식이 나오는 글이나 기사를 읽고 내용을 정리한다.

내가 검색한 단어	
찾아낸 방정식	
그 방정식의 쓰임	
출처	
인간은 왜 이렇게 다양한 방정식을 만들려는 걸까?	

활용 팁　책에서 소개한 내용 또는 '방정식의 활용'으로 찾지 말고 스스로 검색을 통해 우연히 찾는 활동을 통해 세상이 방정식과 깊게 연결되어 있음을 느낄 수 있게 한다.

본문 – 5부. 인공지능 시대의 방정식

활동 소개

5부는 방정식으로 사고하는 인간과 데이터로 사고하는 인공지능의 차이를 비교해보고 결국 인간과 인공지능의 협업이 중요함을 이야기한다. 인간과 인공지능의 사고 방법 차이를 생각해보고 우리가 방정식을 꼭 배워야 하는지에 대해 판단해보는 활동으로 구성하였다.

■ 책에서 소개한 계산용 검색엔진 울프럼 알파(WolframAlpha)에 직접 들어가 체험해보자. 교과서나 문제집에 있는 방정식 문제들을 이 사이트를 이용해 풀어보고, 그럼에도 우리가 방정식의 풀이를 배워야 할 이유에 대해 자신의 생각을 써보자.

■ 인간과 인공지능의 문제해결 과정을 비교해서 정리한 후, 인간과 인공지능이 협업한다면, 인간이 더 잘할 수 있는 부분과 인공지능이 더 잘할 수 있는 부분을 나누어보자.

인간	인공지능
현상에 대한 데이터를 보고 그 현상의 (ㅇㄱㄱ)를 꿰뚫는 (ㅂㅈㅅ)을 찾아내고 그것을 푼다.	현상에 대한 방대한 데이터를 (ㅌㄱㅈ)으로 처리해서 성공 (ㅎㄹ)을 계산한다.

■ 인공지능이 인간처럼 현상에 대한 이유를 찾고 방정식을 세울 수 있을까? 여러분이 생각하는 인공지능의 가능성은 어디까지인지 한번 써보자.

활용 팁   '콴다' 같은 문제풀이앱을 수학 공부에 활용하는 것에 대해 이야기를 나누어볼 수 있다.

책을 읽고 나서

책을 읽고 나서 먼저 방정식이란 과연 무엇이라고 이야기할 수 있는지, 방정식이 우리의 삶에 도움이 되는지를 돌아보는 활동을 해본다. 다음으로는 방정식을 꼭 배워야 하는지, 배워야 한다면 어느 정도로 배우면 되는지에 대해 함께 정해보는 활동으로 구성하였다.

■ 프롤로그를 읽고, 여러분은 평소 방정식을 세우는 성향인지, 아니면 주사위를 던지는 성향인지 돌아보자. 세상의 이치를 알아가는 데 필요한 방정식이 내 삶을 풍요롭게 하는 데도 도움이 된다고 생각하는가? 자신의 생각을 써보자.

■ 이 책을 읽고 나서 '방정식'에 대해 내 머릿속에 새롭게 떠오르는 생각들을 추가해보자.

■ 이 책을 읽고 나서 방정식에 대해 새롭게 알게 된 것이나 이 책에서 인상 깊었던 내용이나 부분을 써보자.

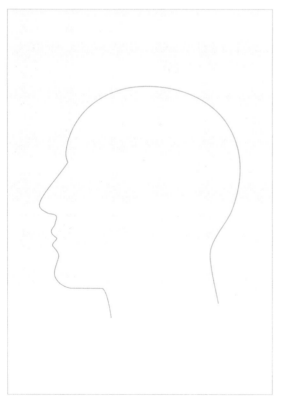

■ 이 책 속에는 '방정식(equation)'이라는 단어가 들어간 유명인들의 인용구가 불쑥불쑥 나온다. 다음 활동을 함께 해보자.

(1) 책 속 인용구를 보면 수학자나 과학자가 아닌 사람들도 '방정식'이라는 단어가 들어간 말들을 많이 쓴다. 여기서 말하는 '방정식'에는 어떤 의미들이 있는 것 같은가? 인용구 하나를 골라 거기에 쓰인 '방정식'은 어떤 뜻으로 사용되었는지 정리해보자.

>>>> 내가 고른 인용구

>>>> '방정식'의 문맥적 의미

(2) 가장 마음에 들었던 인용구를 골라 그 이유를 써보자.

>>>> 가장 마음에 들었던 인용구

>>>> 그 이유

(3) 내가 만약 '방정식'이 들어간 멋진 명언을 남긴다면? 우리 학교 전설로 남을 멋진 명언을 만들어보자.

활용 팁 (1)에서 학생들에게 각자 다른 인용구를 주고 거기에 쓰인 방정식의 의미를 적어보게 한 다음, 그 의미들을 모아서 워드아트(워드클라우드)를 만들어본다면 인간이 방정식을 어떤 의미로 사용하는지 파악해볼 수 있다.

■ 책을 읽고 나서 방정식을 배워야겠다는 생각이 들었는가? 이제 우리의 수학 교과서를 펼쳐보자. 이걸 다 배워야 할까? 아니면 부족한 부분은 없는가? 만약 내가 수학 교과서를 수정할 수 있다면 어떻게 바꾸어볼 수 있을까? 의견서를 작성해보자.

교육 당국과 교과서 집필진들에게 보내는 의견서
— 방정식 교육에 대하여

삭제가 필요한 부분	
더 넣고 싶은 내용 (읽은 책의 내용을 중심으로)	
순서를 바꾸고 싶은 부분	
교과서 문제의 난이도 조정	
설명 방식의 조정	
편집 방식의 조정	
기타 건의 사항	

위와 같이 수정을 요청합니다.

20 . . .

성명   (서명)

활용 팁

현재 학년의 교과서를 활용할 수도 있고 방정식과 관련된 중학교 1~3학년 전 과정을 가져와서 교육과정을 수정해볼 수도 있다. 예를 들어 일차방정식까지만 배우자, 활용 단원은 없애자 같은 식으로 이야기해볼 수 있다. 방정식 자체를 빼자는 학생이 있다면(물론 수학을 배우지 말자고 할 수도 있겠지만) 그에 관해 이야기를 나누어볼 수도 있다.

지노 사이다 수학 시리즈 2 - 보글보글 기하

독서 활동지 활용법

활동 소개
독서 과정을 '읽기 전' '읽는 중' 읽은 후'로 나누고, '읽는 중'은 부별로 활동을 나누었습니다
각 부의 내용을 정리하고 필요한 활동들을 소개하였습니다.

활동 카드
진행하는 교사가 실정에 맞게 재구성할 수 있도록 카드 형식으로 편집하였습니다.
독자 수준이나 독후 활동 가용 시간에 맞는 활동을 골라 진행하면 됩니다.

활용 팁
더 자세한 설명이 필요한 활동에 '활용 팁'을 넣었습니다.

책을 읽기 전에

학생들은 '기하'라는 용어를 잘 모르는 경우가 많다. 들어본 적은 있는지 뜻이 무엇이라고 생각하는지 물어보는 것으로 생각을 열어보려고 한다. 또한 기하와 대수 중 어떤 분야를 좋아하는지 물어보고 그 이유에 대한 이야기를 나누어봄으로써 기하라는 분야에 대한 학생들의 생각을 알아본다.

■ 기하(幾何, geometry)라는 용어를 들어본 적이 있는지 답해보고 들어본 적이 있다면 그 뜻이 무엇인지 알고 있는 대로 적어보자. 들어본 적이 없다면 무엇을 뜻하는 단어인지 추측해보자.

들어본 적이	(있다 / 없다)
그 뜻은~	

■ 일반적으로 중학교 모든 학년에서 1학기에는 수와 연산, 방정식, 함수를 배우고 2학기에는 도형의 성질, 통계를 배운다. 1학기에 배우는 수와 연산, 방정식, 함수 단원과 2학기에 배우는 도형의 성질 단원의 특징을 정리해보자.

수와 연산, 방정식, 함수	도형의 성질

■ 한 친구가 "도형은 그림인데 미술과 관련된 것 아닐까? 특히 작도 같은 것은 왜 수학이지?"라고 묻는다면 어떻게 답할지 생각해보고 자신의 생각을 써보자.

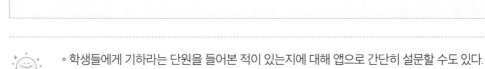

활용 팁

- 학생들에게 기하라는 단원을 들어본 적이 있는지에 대해 앱으로 간단히 설문할 수도 있다.
- 1학기 단원들과 2학기 단원들 중에 어떤 것이 더 좋은지 앱으로 투표해본 후 그 이유를 묻는 방식으로 기하 단원의 특징을 탐구해볼 수도 있다.
- 여기서 특징은 떠오르는 이미지, 문제를 푸는 방법, 공부법의 차이, 난이도의 차이, 실생활에 활용되는 정도 등 다양하다. 자유롭게 생각을 작성할 수 있는 분위기를 만들어준다.
- 수학 팟캐스트 〈적분이 콩나물 사는 데 무슨 도움이 돼?〉에서 '작도는 왜 배웠을까?' 편 참고.

들어가는 글과 차례를 읽고

활동 소개

책을 읽을 때, 들어가는 글이나 차례를 잘 읽지 않거나 대충 읽는 경우가 많다. 하지만 이는 본격적으로 읽기 전에 책을 쓴 목적이나 주제, 내용에 대한 길잡이가 된다. 따라서 학생들이 미리 이 책의 내용과 주제를 예측해볼 수 있는 활동을 구성하였다.

■ '들어가는 글'을 읽고 다음을 정리해보자.

(1) 저자는 어떤 사람을 위해 이 책을 썼는가?

(2) 저자는 이 책을 통해 기하의 어떤 것을 알려주려고 하는가?

(3) '인생은 자신의 기하를 형성해가는 과정으로 볼 수도 있겠다'라는 표현의 뜻을 추측해보자.

■ '차례'를 잘 살펴보고 다음 물음에 답해보자.

(1) 누군가에게서 차례의 제목과 같은 질문을 받는다면 나는 어떤 대답을 해줄 수 있을까? 다음 중 대답할 수 있는 질문이 있다면 답을 달아보자.

>>>> 1부) 기하, 왜 배울까?

>>>> 2부) 기하, 무엇일까?

>>>> 3부) 기하, 어떻게 공부할까?

>>>> 4부) 기하, 어디에 써먹을까?

>>>> 5부) 인공지능 시대의 기하

(2) 만약 시간이 부족해 이 책의 절반만 읽어야 한다면 어떤 부분을 골라서 읽을까? 차례를 보고 가장 중요하다고 생각되거나 본인에게 흥미 있는 부분을 골라보자.

본문 – 1부. 기하, 왜 배울까?

활동 소개

1부는 이 책의 도입부로서 '기하'가 우리가 생각하는 '도형'과는 다르다는 것을 사전적 의미나 수학자들의 말을 인용하여 안내하고 있으며 이를 통해 '과연 기하가 무엇일까' 하는 흥미를 불러일으킨다. 따라서 수학자들의 말을 통해 우리가 알고 있는 기하에 대한 특징들을 추측해보고, 책에서 정의한 용어들을 정확히 짚어주는 활동으로 구성하였다.

■ 데카르트의 말 "고대인의 해석(기하)은 도형을 고찰하는 일에 매달려 있어 상상력을 지치게 하지 않고서는 오성을 활동시킬 수 없으며……"에서 내가 평소에 기하(도형) 단원을 배우고 공부한 경험에 비추어 <u>상상력을 지치게 하는 순간</u>이 있었는지, 그때는 언제였는지 이야기를 나누어보자.

■ 25~26쪽의 그동안 읽었던 내용을 바탕으로 기하에 대하여 어떻게 아래와 같은 말들을 할 수 있을지 추측해보자.

기하로 영혼의 눈을 정화할 수 있다.	
기하는 아름다움의 전형이다.	
기하는 모든 게 다 잘 맞고 균형이 잘 잡혀 있는 노래와 같다.	

■ 30쪽에서 저자가 책에서 쓰기로 정한 용어를 한 번 더 정리해서 적어보자.

도형	
도형	
기하	
기하학	

활용 팁

- '증명을 하다가 상상력이 지치는 것 같다', '문제를 어떻게 풀어야 할지 모를 때, 답지를 보면 갑자기 보조선을 그어서 해결하는 풀이 과정이 나오는데 그것을 보면 상상력이 지친다' 등의 답변을 쓸 수 있다.
- 앞에서 한 부정적인 경험과는 반대로 기하를 배우면 좋은 점을 통해 긍정적으로 생각할 수 있는 시간을 가져본다.
- 기하학의 성격에 맞게 저자가 정한 용어를 정확하게 짚고 넘어갈 수 있도록 하자.

본문 – 2부. 기하란 무엇일까?

활동 소개

2부에서는 도형에서 기하학이 되기까지의 과정과 해석기하, 비유클리드기하학의 등장까지 기하학의 역사를 통해 기하가 무엇인지를 이야기하고 있다. 우리가 초등학교 시절에 배우는 '도형'과 중학수학에서 시작되는 '기하'의 차이를 알고 기하에 대한 생각의 전환이 필요함을 느낄 수 있는 활동을 한 뒤, 수학 시간에 배우는 내용들의 의미를 책의 내용과 관련하여 찾을 수 있는 활동으로 구성하였다. 비유클리드 기하학의 경우, 그 이해보다는 무엇에서 시작되었는지에 대해 집중할 수 있는 활동을 만들었다.

■ 책의 내용을 통해 **도형**과 기하의 차이점을 이해하였는가? 〈보기〉의 단어들 중 **도형**과 관련된 단어는 표 왼쪽에, 기하와 관련된 단어는 표 오른쪽에 넣어보자. (※ 본문 30쪽에서 설명한 **도형**과 기하의 의미 참고)

〈보기〉 초등수학, 중학수학, 그림 먼저, 설명이 먼저, 약속, 정의, 말, 실제, 현실, 이론, 경험, 측정, know-why, 증명, 논증, 연역법, 귀납법, know-how, 추론

도형	기하

활용 팁

〈보기〉의 '추론'이라는 단어는 '도형'과 '기하' 모두에 해당한다(추론 방법이 서로 다르다). 학생들이 고민하게 만들어 '추론'이 수학에서 중요한 기술임을 강조해준다.

■ 책에서 원주율의 참값을 측정(경험)으로 구하는 방법과 이론적으로(아르키메데스의 방법) 구하는 방법에 대해 이야기
하였다. 이처럼 우리가 배운 수학적 이론이 경험의 한계를 뛰어넘는 데 활용될 수 있을까? 다음 문제를 해결해보자.

위 그림의 가로선들은 서로 평행인지 답하고
그 이유를 설명하시오.

■ 책에서 원주율의 참값을 측정(경험)으로 구하는 방법과 이론적으로(아르키메데스의 방법) 구하는 방법에 대해 이야기
하였다. 이처럼 우리가 배운 수학적 이론이 경험의 한계를 뛰어넘는 데 활용될 수 있을까? 다음 문제를 해결해보자.

수연 : sin60°가 얼마지?

소민 : 한 예각이 60°인 직각삼각형을 그린 후에 빗변과 높이의 길이를 재어봐. 그러면 그 비율이 sin60°의 값이야.

수연 : 어? 그런데 내가 한 예각이 60°인 크기가 서로 다른 직각삼각형 두 개를 그려서 sin60°의 값을 구해봤는
데 비슷하긴 한데 약간 차이가 나. 어떻게 된 일이지? sin60°의 참값은 구할 수 없는 걸까?

활용 팁   위의 두 문제는 같은 의도가 담긴 문제이므로, 독자의 수준(학년)에 맞는 질문을 골라서 제시하도록 한다.

■ 책에서 우리가 배우는 중학수학의 기하는 유클리드기하학의 일부에 해당한다고 하였다. 다음 정리의 증명 과정을 잘 살펴보고 각 문장을 '정의', '정리', '공리'로 구분해보자.

(1) 먼저, 다음 용어의 뜻을 정리해보자.

정의	
정리	
공리	

(2) 밑줄 친 문장(문구)의 기호를 해당되는 칸에 적어 넣어보자.

〈정리〉 평행사변형의 두 쌍의 대각의 크기는 각각 같다.

〈증명〉
오른쪽 그림과 같이 평행사변형 ABCD에서 대각선 AC를 그으면
△ABC와 △CDA에서 ⊙$\overline{AB}$ // $\overline{DC}$이고 $\overline{AD}$ // $\overline{BC}$이므로 다음이 성립한다.
∠BAC=∠DCA (엇각), ……①
∠ACB=∠CAD (엇각), ……②
(ⓒ서로 다른 두 직선이 다른 한 직선과 만날 때, 두 직선이 평행하면 엇각의 크기는 같다.)
$\overline{AC}$는 공통인 변
이와 같이 ©대응하는 한 변의 길이가 같고 그 양 끝각의 크기가 각각 같으므로 △ABC ≡ △CDA이다.
그러므로 다음이 성립한다.
∠B=∠D (@두 삼각형이 합동일 때 대응하는 각의 크기는 서로 같다.)
또 ①과 ②에 의해 다음이 성립한다.
⊕∠A=∠BAC+∠CAD=∠DCA+∠ACB=∠C
따라서 평행사변형 ABCD의 두 쌍의 대각의 크기는 각각 같다.

정의	정리	공리

활용 팁

⊙은 정의, ⓒ, ©, @은 정리, ⊕은 공리(같은 것에 같은 것을 더하면 전체도 같다)로 정리된다. ⓒ, ©, @의 경우, 교과서에 증명이 나오지 않으므로 정리인지 아닌지 헷갈릴 수 있다. 인터넷 검색 등으로 이것들이 정리임을 찾아볼 수 있게 한다. 답을 맞히는 것이 중요하다기보다, 이것이 증명이 필요한 것인지(정리인지) 아닌지(공리인지)를 고민해볼 수 있는 활동으로 고안하였다.

■ 그래프를 그려주는 공학적 도구를 활용하여 다음 식을 입력해보고 어떤 도형이 나오는지 정리해보자.

식	도형
$y = x^2$	
$(x-3)^2 + (y+1)^2 = 4$	
$\dfrac{x^2}{9} - \dfrac{y^2}{16} = 1$	
$\dfrac{x^2}{9} + \dfrac{y^2}{16} = 1$	
$(x^2+y^2-1)^3 - x^2y^3 = 0$	

활용 팁   지오지브라, 알지오매스 등의 공학적 도구를 활용하여 그래프를 그려보고 다양한 도형들이 방정식으로 표현됨을 확인한다.

■ 해석기하의 등장으로 증명 위주의 기하학이 어떻게 바뀌었는지 생각해보자.

(1) 아래 연립방정식을 대수적인 방법으로 풀어보고, 해석기하의 관점에서 설명해보자.

$$\begin{cases} 2x + y = 4 \\ -x + y = 1 \end{cases}$$

대수적인 방법으로 풀이	해석기하적인 설명

(2) 한 학생의 수학 공부에 대한 인터뷰 내용이다. 이 고민을 해석기하로 해결할 수 있을지 생각해보고, 고민에 대한 답을 달아보자.

> "중학교 도형 단원 문제를 풀 때 가장 어려운 점은 바로 '보조선'이에요. 문제를 해결하기 위해 '보조선'이라는 것을 그리는데 '어떻게 저런 생각을 해내지?'라는 생각과 함께 한숨만 나와요."

활용 팁
• 연립방정식의 해를 두 직선의 교점으로 해석할 수 있는 것이 해석기하 덕분임을 확인하도록 한다.
• 어려운 도형 문제를 좌표평면 위에 올려 방정식으로 해결할 수 있음을 떠올릴 수 있도록 한다.

■ 수학자들은 평행선 공리를 증명하기 위해 노력한 결과 새로운 기하를 발견하였다. 새로운 기하, 즉 비유클리드기하학이 무엇인지 『보글보글 기하』에서 읽고 이해한 만큼 정리해보자. 이해가 가지 않거나 궁금한 점도 적어보자.

(1) 평행선 공리를 그림으로 표현해보자.

> "두 개의 직선 위에 한 직선이 만나 어느 한쪽의 두 내각의 합이 직각 두 개(180°)보다 작다고 하자. 두 직선을 무한히 연장하면 두 내각의 합이 직각 두 개보다 작은 쪽에서 두 직선은 만난다."

(2) 비유클리드기하학은 어떤 질문에서 시작되었는지 책에서 찾아 써보자.

(3) 다음 빈칸을 채워보자. (마지막 괄호는 자신이 궁금한 것으로 넣어보자.)

> 비유클리드기하학은 (ㄱㄱ)과 관련되어 있다. (ㄱㄱ)의 모양에 따라 평행선의 (ㄱㅅ)가 달라질 수 있고, 삼각형의 (ㄴㄱ)의 합이 180°보다 작거나 클 수 있으며, (ㅍㅌㄱㄹㅅㅇㅈㄹ)도 성립하거나 성립하지 않을 수도 있다. 따라서 비유클리드기하학을 통해 (ㄱㄱ)의 모양을 추측할 수 있게 되었다. 우리가 살고 있는 지구 표면은 (ㅂㄹㅎ) 공간이다. 그렇다면 (   )는 어떤 모양일까?

(4) 비유클리드기하학에 대해 이해가 가지 않는 점이나 궁금한 점이 있으면 적어보자.

본문 – 3부. 기하, 어떻게 공부할까?

활동 소개

3부는 기하 단원을 어려워하는 이유를 살펴보면서 독자들의 어려움에 공감한 뒤, 특히 독자들이 어려워하는 증명법에 대한 팁을 주었다. 그리고 '기하 공부의 십계명'과 '꼭 알아두어야 할 기본지식'을 제공하여 어떻게 공부해야 할지에 대한 방향을 제시하였다. 우선 기하는 정의와 공리로부터 시작하여 연역적으로 새로운 정리가 탄생하는 구조라는 것을 먼저 이해시킬 수 있는 활동을 한 후에 증명법이나 공부법에 대해 생각해볼 수 있는 활동으로 구성하였다.

■ 초등학교까지 **도형**을 좋아하던 한 친구가 중학교에서 **기하**를 배우면서는 너무 어려워 수학을 포기하고 싶다고 한다. 이 책의 내용을 바탕으로 친구에게 공감의 말("~해서 어려운 거야. 다들 그래.")과 조언("~하게 공부해보는 건 어때?")을 해보자.

■ 증명을 하려면 계속 '근거'를 찾아야 한다고 한다. 책에서는 이 과정을 '도미노'에 비유하였다. 근거를 찾고 그 근거의 근거를 찾고……. 증명의 증명을 거듭하는 기하학의 구조를 그림으로 표현한다면 어떻게 그릴 수 있을까? 한눈에 이해할 수 있는 그림으로 나타내어보자.

활용 팁

『로지코믹스』(아포스톨로스 독시아디스 외, 랜덤하우스, 193쪽)에서 러셀이 수학의 구조를 '아래로 한없이 이어지는 거북이의 탑'으로 비유한 것과 그것을 그림으로 표현한 장면에서 착안하였다. 학생들이 잘 그리지 못하면 예시로 보여줄 수 있다.

■ 다음은 기하학을 가르치고 배우고 있는 한 스승과 제자의 대화이다. 다음 질문에 답해보자.

스승 : …… 그러니까 평행선 공리에서 알 수 있듯이…….

제자 : 선생님, 평행선 공리가 뭐예요?

스승 : '두 직선이 다른 한 직선과 만나 이루는 두 동측내각의 합이 180°보다 작다면, 이 두 직선을 무한히 연장할 때, 그 두 동측내각과 같은 쪽에서 만난다'는 거야.

제자 : 그건 아직 증명하지 않으셨잖아요?

스승 : 이 명제는 공리라서 증명을 안 할 거야.

제자 : 하지만 기하학에서는 모든 명제를 증명을 통해 쌓아가야 한다고 강조하셨잖아요?

스승 : 모든 것을 다 증명할 수 없어. 왜 그런가를 따라 증명하며 거슬러 올라가다 보면 시작점에는 증명할 수 없는 자명한 명제가 있을 수밖에 없다고.

제자 : 증명되지 않은 것을 기초로 삼은 증명이 무슨 가치가 있을까요?

스승 : 글쎄…… 공리 때문에 기하학 전체가 가치가 없다고 생각하는 거니?

※ 자명하다 : 설명하거나 증명하지 아니하여도 저절로 알 만큼 명백하다.

(1) 밑줄 친 평행선 공리를 그림으로 표현해보자. 평행선 공리는 정말 증명할 수 없는 것일까? 증명 여부와 상관없이 직관적으로 증명이 가능할 것 같은지 아닌지 느낌을 말해보자.

(2) 대화 속 제자는 '공리'라는 존재를 알게 된 후 매우 실망한 것으로 보인다. 증명되지 않은 불안한 토대(공리) 위에 세워진 기하학은 제자의 말처럼 아무 가치가 없는 것일까? 완전한 것처럼 보였던 수학은 불안한 학문인 것일까? 자신의 생각을 적어보자.

■ 다음은 이 책에서 제시한 기하 공부의 십계명이다. 그동안의 학습 방법을 반성해보고 각각의 학습 요령들을 자신에게 어떻게 적용하면 좋을지 기하 공부 계획을 세워보자.

기하 공부의 십계명 (내가 실천하고 있었다면 'O' 표시)	나의 기하 공부 계획
정의를 곧이곧대로 외우자. ( )	
정의와 성질은 다르다. ( )	
도형의 구별은 정의와 고유한 성질로. ( )	
기하, 관계를 다룬다. ( )	
기하에도 경험이 중요하다. ( )	
직관이 중요하다. ( )	

■ 다음은 어떤 정리를 증명하기 위한 '추적단계'이다. 이 추리 과정을 바탕으로 이 정리의 증명을 '제시'하시오.

	〈정리〉 이등변삼각형의 두 밑각의 크기는 같다.
추적	1. ∠B와 ∠C가 같다는 것은 두 각을 포개면 일치한다는 뜻이다. 2. ∠B와 ∠C를 포개려면 이등변삼각형을 접어야 하는데 접어서 생기는 두 삼각형이 똑같을 것 같다. 즉, △ABD≡△ACD일 것이다. 3. 합동조건을 찾기 위해 오른쪽 그림에서 크기가 같은 각이나 길이가 같은 선분을 찾아보자. 이등변삼각형이니까 $\overline{AB}=\overline{AC}$이다. $\overline{AB}$와 $\overline{AC}$가 만나게 접으면 ∠A는 이등분되니까 ∠BAD=∠CAD이다. $\overline{AD}$는 공통으로 공유하는 선분이다. 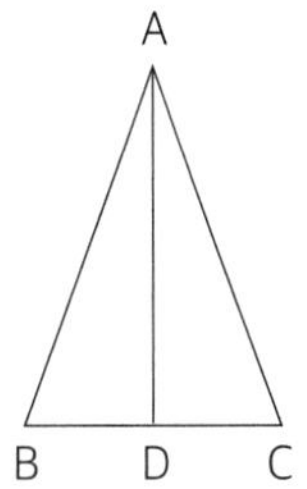
증명 제시	

활용 팁   활동에 활용할 정리는 각 학년의 교육과정에 맞게 가져와서 재구성할 수 있다.

본문 – 4부. 기하, 어디에 써먹을까?

4부는 기하가 어디에 쓰이는지 알려주고 있다. 디자인이나 3D 그래픽 같은 실용적인 분야도 소개하지만 그보다 기하가 철학적 사고와 과학적 사고의 근본이 된다는 것을 강조해서 이야기하고 있다. 또한 우리가 아직 알 수 없는 우주의 모양에 대한 생각도 기하학의 발전과 함께 변하고 있음을 이야기하고 있다. 따라서 우리가 아름답거나 실용적이라고 생각하는 형태와 기하의 관계, 과학과 철학에서 기하의 결정적인 역할에 대해 생각해볼 수 있는 활동으로 구성하였다.

■ 주변의 사물이나 건물, 자연물에서 가장 아름답다고 생각하는 형태를 떠올려보자. 그리고 그 사물은 왜 그런 형태를 띠고 있는지 생각해보고 그 이유를 찾아보자.

형태 제시	
아름답다고 생각한 이유	
이런 형태를 띠고 있는 이유 (내 생각)	
이런 형태를 띠고 있는 이유 (검색)	

활용 팁   온라인 활동지로 만들어 검색을 통해 사진을 가져와 넣고, 자신의 생각을 쓰고, 형태의 이유에 대한 검색 결과도 입력하도록 할 수 있다.

■ 프랙털 구조를 활용한 분야로 컴퓨터 그래픽을 뽑을 수 있다. 해안선이나 산의 풍경, 다양한 자연물들을 실제처럼 그려내는 컴퓨터 그래픽이 프랙털의 성질과 어떤 관련이 있는지 추측해보자.

■ 근대 철학과 근대 과학은 기하학의 방법론을 가져와 발전하였다. 데카르트의 철학, 뉴턴의 『프린키피아』, 아인슈타인의 물리학 이론에서 공통적으로 발견되는 구조를 기하학과 연결시켜 정리해보자.

■ 우주의 모양이 변해온 역사 또한 기하학의 역사와 함께했다. 고대부터 미래(?)까지, 우주론이 변화하는 데 영향을 끼친 기하학의 발전 과정을 정리해보자.

> (고 대) 직선과 원의 우주 ←→ (   )
> (근 대) 타원 궤도의 우주 ⟶ (   )
> (19세기) (   ) ⟶ 휘어진 공간으로서 우주
> (미 래) 11차원의 우주 ←→ 수학적 차원 계산

활용 팁

• 참고 읽기 자료 : 「'프랙탈의 힘' – 거센 파도 견디는 바닷가 바위의 비밀 밝혀」(《동아사이언스》, 2003.12.16.)

• 도형 사이의 관계를 아는 것 외에도 기하학의 체계와 방법론을 익히는 것이 중요함을 강조할 수 있다.

본문 – 5부. 인공지능 시대의 기하

5부는 컴퓨터가 작동하는 원리가 결국은 기하에서 공리를 바탕으로 새로운 정리를 만들어내는 것과 같다는 것을 시작으로 하여 인공지능이 기하학을 활용하는 사례나 기하학에 사용되는 인공지능에 대해 이야기한다. 따라서 역시 기하의 방법론이 핵심이라는 것을 정리할 수 있는 활동으로 구성하였다.

■ 다음 기사를 읽고, AI가 어떻게 창의적인 그림을 그릴 수 있었을지 책의 내용을 바탕으로 AI가 그림을 그리는 과정을 추측해보자.

3일(현지시간) CNN, 뉴욕타임스(NYT) 등에 따르면 지난달 열린 '콜로라도 주립 박람회 미술대회'의 디지털아트 부문에서 게임 기획자인 제이슨 M. 앨런이 '미드저니'란 AI프로그램으로 만든 작품 '스페이스 오페라 극장(Theatre D'opera Spatial)'이 1위를 차지했다.

미드저니는 설명을 입력하면 이미지로 만들어주는 AI 프로그램이다. 앨런은 프로그램으로 만든 그림 3점을 포토샵으로 다듬는 등의 작업을 거쳐 대회에 제출했다. 그중 '스페이스 오페라 극장'이 1위에 올랐고, 앨런은 상금 300달러를 받았다. 해당 미술전의 디지털아트 부문 규정에 따르면 창작과정에서 디지털 기술을 활용하거나 디지털 방식으로 이미지를 편집하는 행위가 인정된다. — 한경닷컴 기사(2022.09.04.) 중 일부

(1) 설명으로 어떻게 이미지를 창작할까?

(2) 창작한 이미지를 어떤 방법으로 화면에 표현할까?

■ 이 책의 내용을 바탕으로 컴퓨터(인공지능)와 기하가 어떤 관련이 있는지 이해한 만큼 정리해보자.

(1) 컴퓨터의 작동원리와 기하학의 유사성

(2) 컴퓨터가 정리를 만들어내거나 증명을 하는 방법

책을 읽고 나서

활동 소개

책을 읽고 나서 먼저 기하의 핵심이 무엇인지 정리하는 시간을 가져본다. 다음으로는 교사들 사이에서도 논란이 되고 있는 '증명을 꼭 배워야 하는가?'에 대해서 의견을 나누어보는 활동으로 구성하였다.

■ '나가는 글'의 제목인 '기하와 우리네 인생은 닮은꼴!'이라는 말에 대해서 생각해보자. 나는 나만의 모양과 내 삶의 모양을 얼마나 만들었나? 내가 굳건하게 만든 '나만의 공리'가 있나? 있다면 무엇인가? 나를 되돌아보며 한번 적어보자. 아직 잘 모르겠다면 내가 만들고 싶은 내 삶의 모양이 무엇인지 고민해서 적어보자.

■ 이 책을 읽고 나서 '기하'에 대해 머릿속에 떠오르는 생각들을 넣어보자.

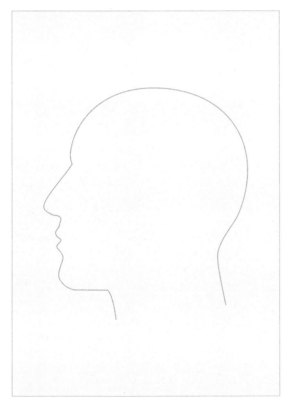

■ 이 책을 읽고 나서 기하에 대해 새롭게 알게 된 것이나 이 책에서 인상 깊었던 내용이나 부분을 써보자.

■ 이 책에는 '기하(geometry)'라는 단어가 들어간 유명인들의 인용구가 불쑥불쑥 튀어나온다. 다음 활동을 함께 해 보자.

(1) 책 속 인용구를 보면 수학자나 과학자가 아닌 사람들도 '기하'라는 단어가 들어간 말들을 많이 쓴다. 여기서 말하는 '기하'에는 어떤 의미들이 들어 있을까? 인용구 하나를 골라 거기에 사용된 '기하'는 어떤 뜻인지 정리해보자.

>>>> 내가 고른 인용구

>>>> '기하'의 문맥적 의미

(2) 가장 마음에 들었던 인용구를 골라 그 이유를 써보자.

>>>> 가장 마음에 들었던 인용구

>>>> 그 이유

(3) 내가 만약 '기하'가 들어간 멋진 명언을 남긴다면? 우리 학교 전설로 남을 멋진 명언을 만들어보자.

활용 팁

(1)에서 학생들에게 각자 다른 인용구를 주고 거기에 나온 기하의 의미를 적어보게 한 다음, 그 의미들을 모 아서 워드아트(워드클라우드)를 만들어본다면 기하가 인간에게 어떤 의미로 사용되는지 파악해볼 수 있다.

■ 몇 번의 교육과정 변화에서 '증명'을 배우는 것은 강조되기도 하고 약화되기도 하였다. 학생들에게 증명은 어려운 부분이다. 하지만 이 책의 내용을 바탕으로 생각해볼 때, 증명은 기하의 핵심이라고 볼 수도 있다. 여러분은 중학교 수학에서 증명을 가르치는 것에 대해 어떻게 생각하는가? 이 책의 내용을 바탕으로 여러분의 주장을 펼쳐보자.

중학교 수학에서 증명을 강화해야 한다.	중학교 수학에서 증명을 약화해야 한다.
그 이유는,	그 이유는,

활용 팁

증명 교육에 대한 찬반토론을 해보는 것도 좋다. 또는 한 사람이 꼭 한 가지 의견만 내는 것이 아니라 증명을 강화해야 하는 이유와 증명을 약화해야 하는 이유를 세 가지씩 적어보라고 해서 학생들의 의견을 합쳐 함께 정리해보는 것도 좋다.

독서 활동지 활용법

활동 소개
독서 과정을 '읽기 전' '읽는 중' 읽은 후로 나누고, '읽는 중'은 부별로 활동을 나누었습니다.
각 부의 내용을 정리하고 필요한 활동들을 소개하였습니다.

활동 카드
진행하는 교사가 실정에 맞게 재구성할 수 있도록 카드 형식으로 편집하였습니다.
독자 수준이나 독후 활동 가용 시간에 맞는 활동을 골라 진행하면 됩니다.

활용 팁
더 자세한 설명이 필요한 활동에 '활용 팁'을 넣었습니다.

'수'라는 주제로 책 한 권을 쓸 수 있다니! 그리고 우리에게 익숙한 '수'를 경이롭다고 하다니! 표지 제목만 보아도 참 궁금한 책이다. 수를 낯설게 보라는 뒤표지의 말대로 하기 전에 먼저 수에 대한 익숙한 느낌을 정리해보도록 한다. 그리고 책을 읽을 때 그냥 스치기 쉬운 앞뒤 표지와 책날개 등을 꼼꼼히 살펴볼 수 있는 활동을 구성하여 책의 특징을 미리 알아볼 수 있도록 하였다.

■ 여러분은 '수'에 대하여 어떤 생각을 갖고 있는가? 그동안 내가 배워 알고 있는 수의 종류를 써보고 그 수에 대한 개인적인 생각을 적어보자.

수의 종류	그것에 대한 내 생각
자연수	예시) 너무나 익숙하고 자연스럽다. 손가락으로 셀 수 있다.
소수	

■ 어떤 수를 보고 경이로움을 느낀 적이 있는가? 경이로움까지는 아니더라도 남다르게 느낀 수가 있다면 떠올려 적어보자. 특정한 숫자 값도 좋고, 수의 종류도 좋다. 그렇게 느낀 이유도 간단히 적어보자.

■ 앞표지와 뒤표지, 앞날개와 뒷날개만 읽고 이 책을 다 읽은 척해보자. 표지만 보고 책의 내용과 저자에 대한 소개를 써보자.

활용 팁

• 책을 읽는 학년에 따라 학생들이 쓰는 수의 종류는 다를 수 있다. 또한 수의 종류를 위계에 맞추어 쓰지 않고 생각나는 대로 자유롭게 쓰도록 한다. 책에서는 허수와 그 이상의 수까지 소개하기 때문에 선행학습을 통해 아는 것도 써보면 좋다.

• 단순히 기념일 같은 숫자나, 어떤 것을 나타내는 아주 큰 수를 언급할 수도 있다. 무리수나 허수와 같이 처음 배웠을 때 인식의 벽에 부딪히는 수를 이야기할 수도 있다.

책을 읽을 때, 들어가는 글이나 차례를 잘 읽지 않거나 대충 읽는 경우가 많다. 하지만 이는 본격적으로 읽기 전에 책을 쓴 목적이나 주제, 내용에 대한 길잡이가 된다. 따라서 학생들이 미리 이 책의 내용과 주제를 예측해볼 수 있는 활동을 구성하였다.

■ '들어가는 글'을 읽고 다음을 정리해보자.

(1) 저자가 '수'를 주제로 책을 쓴 이유는 무엇인가?

(2) 저자는 책에서 "학교에서 개별적으로 배웠던 수들을 연결하고 조망하고 재해석"하겠다고 한다. 다음 세 단어의 뜻을 사전에서 찾아 적어보고 저자가 수를 어떻게 다루겠다는 것인지 예측해보자.

연결	
조망	
재해석	

저자는 이 책에서 수를 어떻게 다루게 될까?

■ 책의 차례만 보고 이 책을 읽은 척해보자. 19개의 소제목을 잘 읽어보고 1부부터 5부까지 어떤 내용이 있는지 정리 해보자.

>>>> 1부) 수, 왜 배울까?

예시) 실생활에서 쓰는 수는 어렵지 않은데 수학 시간에는 왜 이렇게까지 어려울까? 잘 배우면 수를 더 잘 활용할 수 있기 때문이다.

>>>> 2부) 수, 무엇일까?

>>>> 3부) 수, 어떻게 공부할까?

>>>> 4부) 수, 어디에 써먹을까?

>>>> 5부) 인공지능 시대의 수

본문 – 1부. 수, 왜 배울까?

활동 소개

1부는 이 책의 도입부로서 실생활에 필요한 자연수나 분수, 소수 이외에 음수나 무리수까지 수를 확장해서 배우는 것의 어려움에 공감한 후, 우리가 이렇게 많은 종류의 수를 만들고 배우는 것에는 어떤 이유가 있는 것인지 앞으로 책을 읽으며 알아갈 수 있음을 예고하고 있다. 따라서 현재의 나와 미래의 나는 수를 얼마나 활용하고 있으며 얼마나 활용하게 될지 생각해보는 활동을 만들어보았다.

■ 우리는 수에 둘러싸인 삶을 살고 있다. 나의 주변을 둘러보며 수와 관련된 것을 찾아보자. 그리고 오늘 아침에 일어나서 지금까지 나의 일과에서 수와 관련된 것이 있는지 생각해보자.

나의 주변	
나의 일과	

■ 내가 어른이 되어 직업을 갖고 살게 된다면 '수'를 얼마나 활용할까? 자신이 미래에 하고 싶은 일을 적어보고 그 분야에서 수가 얼마나 활용될지 예측해보자. (하고 싶은 일이 아직 없다면 수가 전혀 필요하지 않을 것 같은 일을 찾아 적어보자.) 그런 다음 실제 나의 예측이 맞을지 검색해보자.

	일	
수의 활용도	내 생각	
	검색 결과	

활용 팁

- 대부분 시계, 돈 계산, 버스 번호 등을 이야기하겠지만 황당한 내용이라도 남다른 의견을 낸 학생이 있다면 격려하고 다양한 생각을 장려한다.

- 수의 활용도이지만 결국 수학의 활용도라고 생각해도 된다.

- 수가 어떻게 쓰이는지를 이야기해보아도 되고, 우리가 배우는 수 중에 어떤 범위의 수까지 사용될지에 대해서 정리해보아도 좋다. (예시 : 0과 양의 유리수까지만 알면 된다.)

- 검색 요령을 잘 알려줘야 한다. 예를 들어 유튜버를 선택했다면, 유명 유튜버가 되는 데 필요한 능력이나 덕목을 검색해보거나 직접 '유튜브와 수학'으로 검색해볼 수도 있다.

- 세바시 강의 1135회 '문과생이 수학과 코딩의 귀재가 된 이유' 참고

본문 – 2부. 수, 무엇일까?

활동 소개

2부에서는 수의 역사를 따라가며 각 종류의 수가 가진 의미를 찾아보았다. 개념과 어원을 정리해보는 단순한 활동도 있지만, 새로운 수를 발견하면서 인간의 인식능력이 확장되었다는 데 초점을 두고 활동을 구성하였다. 복소수에 대한 소개의 경우 중학교 교과 과정에는 없지만, 그 존재에 대해 많이 알고 있으며 오히려 흥미를 가질 수 있는 부분이라고 생각하여 깊이 다루어보았다. 수학적인 이해보다는 복소수가 갖는 의미에 대해 생각해볼 수 있는 활동들이다.

■ **다음 글을 읽고 물음에 답해보자.**

> 피라항족(브라질 아마존 밀림에 사는 부족 중 하나)과 몇 년을 함께한 학자가 한 명 있다. 미국의 언어학자 대니얼 에버렛(Daniel Everett) 교수로, 자신의 모국어와 흔히들 배우는 외국어를 비롯해 피라항어까지 구사한다. 에버렛은 피라항어에 숫자를 가리키는 말이 없다는 사실을 알고 충격에 빠졌다. 어쩌다 '아주 많은 양'이라는 말을 할 때는 있지만 '하나'라는 단어는 없다. '빨갛다'라는 표현도 없고 과거완료형 같은 문법도 존재하지 않는다. 피라항족은 숫자 없이 살아가는 지구상 몇 안 되는 부족 중 하나인 것이다. 피라항어에는 선이나 각도 등 기하학적 형태를 묘사하는 단어도 없는데, 이 또한 극소수의 희귀어에서만 발견되는 특징이다. (중략) 수학 없이 살아가는 부족은 생각보다 많다. 수학을 배울 정도의 지능이 있고 숫자 체계도 갖추었지만 수학이 필요 없다고 생각하는 이들이 제법 많다는 뜻이다. 그 부족들은 대개 눈썰미가 좋고 일을 통해 시간과 노동력을 절약한다. 결과물도 꽤 훌륭하다. ─『수학이 만만해지는 책』(스테판 바위스만, 웅진지식하우스) 중에서

(1) 피라항족이 수 없이도 살아갈 수 있는 이유는 무엇일까? 우리가 수를 사용하는 상황을 생각해보고 같은 상황에서 이 부족 사람들은 어떻게 문제를 해결할지 상상해보자.

(2) 『경이로운 수』의 내용을 바탕으로 수는 어떤 필요로 등장했는지 추측하여 적어보자.

활용 팁　더 읽을거리 : 『수학이 만만해지는 책』 93~132쪽, '4장. 모든 것은 필요에서 시작되었다 : 수의 기원'. 수의 시작과 관련된 역사적 이야기를 더 자세히 살펴볼 수 있다.

다음 글을 읽고 물음에 답해보자.

초 1~2	초 3~4	초 5~6	중 1	중 2	중 3
· 네 자리 이하 수 (자연수)	· 다섯 자리 이상 수 · 분수 · 소수	· 약수와 배수 · 약분과 통분 · 분수와 소수의 관계	· 소인수분해 · 정수와 유리수	· 유리수와 순환소수	· 제곱근과 실수

(1) 책의 내용과 검색 결과를 바탕으로 다음 수가 출현하거나 수로서 인정받은(일반적으로 사용된) 시기를 정리해보자.

분수	소수	무리수	음수

(2) 책의 내용을 바탕으로 다음 수가 출현함으로써 수에 대한 인식이 어떻게 바뀌었는지 정리해보자.

분수	
소수	
무리수	
음수	

(3) 역사적으로 수가 발견되고 인정받은 순서와 학교에서 수를 배우는 순서에 차이가 있는 이유는 무엇일까? 위의 내용과 관련하여 정리해보자.

활용 팁

■ 책에 나온 각 수의 뜻과 어원을 정리해보자. 책에 나오지 않는 것은 검색을 통해 정리해보자.

자연수	뜻 :
	natural number/自然數 :
분수	뜻 :
	fraction/分數 :
소수	뜻 :
	decimal :
	小數 :
유리수	뜻 :
	rational number :
	有理數 :
무리수	뜻 :
	irrational number :
	無理數 :
양수 와 음수	뜻 :
	positive number & negative number :
	陽數 & 陰數 :
실수	뜻 :
	real number/實數 :

활용 팁

- 책을 읽는 학년에 맞게 수의 종류를 조절할 수 있다.
- 자연수의 수학적 정의를 찾으면 페아노의 공리가 나오기 때문에 정의가 아니라 '뜻'을 정리하라고 하였다. 국어사전에 나오는 뜻 정도로 쓰게 한다.
- 뜻과 어원을 정리하면서 수에 대한 이해를 높이도록 유도하는 활동이다.

■ 복소수에 대해 알아보자.

(1) i 는 무엇인가?

(2) i 는 실수와 무엇이 다른가?

모든 실수는 제곱하면 0 이상이 되지만 i 는 제곱하면, _____

모든 실수는 대소관계 비교가 가능하고 수직선 위에 자신의 자리가 있지만 i 는, _____

_____

(3) 어원을 살펴보자.

허수	虛數 imaginary number	
복소수	複素數 complex number	

■ 새로운 수가 나타날 때마다 인류는 그 수를 받아들이는 데 인지적 성장통을 겪어야 했다. 대표적인 수가 음수와 허수이다. 이 두 수는 탄생 배경과 받아들여진 과정에서 유사한 점이 많다. 음수와 허수의 공통점을 정리해보자.

(1) 탄생 배경

(음수) 연립방정식을 처리하는 과정에서 필요한 처리 과정으로 등장하였다.

(허수)

(2) 이 두 수가 받아들여지기 어려웠던 이유

(음수) 수가 '보이는 크기'라고 인식되어 있었는데 음수는 크기가 있다고 할 수 없었기 때문.

(허수)

(3) 이 두 수를 쉽게 받아들이게 된 결정적 계기

(음수) 수직선에 수를 표시하는 방법이 생기면서 0을 중심으로 방향이 다를 뿐 양수와 대등해지게 되었다. 그로 인해 양수와 음수를 통합하여 실수라는 수 체계가 완성되었다.
(허수)

■ 복소수는 단순히 수학적 필요와 인간의 호기심이 만든 상상의 수이다. 그렇다면 실생활에는 아무 쓸모가 없을까? 다음 글을 읽어보자.

수학 공간에 익숙해지면 '복소수 공간이 있다'는 것 정도는 감각적으로 알게 된다. 이성적인 사고가 아니라도 '제곱하여 플러스가 되는 존재가 있다면, 제곱하여 마이너스가 되는 존재도 있다'는 것을 납득하게 되는 것이다. 실공간이 있다면 허공간도 있다. 없다는 것이 이상하다. 그렇지 않은가? 그림으로 확실하게 그려보라고 하면 불가능하지만 감각으로 확신할 수 있다는 점이 중요하다.

재미있는 것은 현실성과 관계없이 수식을 이용하여 계산을 전개하면 현실 세계를 표현할 수 있게 된다는 점이다. 이것이 '아나모르포시스'이다. 특정한 각도나 원형 거울에 비춰야 바른 형태로 보이는 왜곡된 그림으로, 복소수를 사용한 투영 변환을 이용하여 그리는 것이다.

현실에 존재하지 않는 복소수 우주이지만, 수식을 만들어 전개하면 현실화하는 것이 가능해진다. 조금 전 허수는 물리 공간에 없다고 했지만, 이것도 엄밀하게 말하면 그렇지 않다. 예를 들어 양자역학의 기본 방정식인 슈뢰딩거 방정식(뉴턴 역학의 기본이 되는 방정식 'F=ma'처럼, 물리량을 다루는 양자물리학의 기본이 되는 방정식)에는 허수 i 가 들어 있다. 이것은 물리 공간의 행동을 설명하기 위해 허수가 필요하다는 의미이다. 허수는 단지 수학자의 상상 속 존재가 아니다. 물리 우주의 기본 원리가 성립하기 위해서는 허수가 필요하다. 그리고 이런 것을 끝까지 파고들면 수학 공간은 현실이 되어 가까운 존재로 나타난다. ―『숫자 없이 모든 문제가 풀리는 수학 책』(도마베치 히데토, 북클라우드)

(1) '아나모르포시스'가 무엇인지 검색으로 알아보고 가장 마음에 드는 이미지를 가져와보자.

(2) 이와 같이 복소수가 실생활에서 활용되는 사례를 검색으로 찾아 몇 가지 정리해보자.

(3) 복소수의 발견으로 수학자들은 수에 차원을 부여하기 시작하였고 그로 인해 수의 세계는 4차원, 8차원으로 팽창하였다. 복소수의 사례처럼 4차원의 수, 8차원의 수는 어떤 문제들을 해결하는 실마리가 되어줄까? 이번에는 검색이 아니라 상상을 통해 예측해보자.

활용 팁
- 검색 기반 활동이라 온라인 활동지로 제작하는 것을 권한다.
- 사원수와 팔원수의 활용 사례는 검색으로도 찾기 힘들다. (이 글을 쓰고 있는 나도 모른다.) 다만 학생들이 상상할 시간을 주는 데 의미가 있다. 우주 공간의 비밀을 밝히거나 타임머신을 만드는 데 활용될 것 같다는 상상을 펼쳐보게 할 수 있다.

본문 – 3부. 수, 어떻게 공부할까?

---活動 소개---

우리가 일상생활에서 쓰는 진법에 대한 이야기부터 수를 배우면 항상 따라오는 연산, 우리가 '대수'라고 부르는 문자에 이르기까지, 수를 공부할 때 알아야 할 것들을 소개하고 있다. 따라서 진법의 편리성을 이해하기 위해 로마 숫자와의 비교 활동, 수 다음 연산이 아니라 연산을 통해 만들어진 수를 찾아보는 활동, '추상화'라는 개념을 수와 연결 지어 이해해보는 활동, '대수'로서 문자의 의미를 찾아보는 활동으로 구성하였다.

■ 다음은 로마자 표기법으로 수를 나타내는 방법이다. 규칙을 찾아 빈칸에 알맞은 수를 써보고, 다음 물음에 답해보자.

십진수	0	1	2	3	4	5	6	7	8	9
로마숫자	없음	I	II	III	IV	V	VI	VII		IX
십진수	10	20	30	40	50	60	70	80	90	100
로마숫자	X	XX			L					C
십진수	200	300	400	500	600	700	800	900	1000	5000
로마숫자				D					M	$\bar{\text{L}}$

(1) 다음 곱셈식을 로마숫자로 변환한 후 계산해보자.

621 x 17

(2) 우리가 사용하는 십진 표기법과 비교하여 로마숫자는 왜 이제는 사용하지 않는지 생각하여 써보자.

활용 팁 ┆ 로마숫자로 곱셈하는 방법을 생각해보게 할 수도 있고, 인터넷 검색으로 방법을 찾아서 계산해보게 할 수도 있다.

■ 수는 공통적인 성질을 가진 듯하지만 수의 종류마다 약간씩 다른 성질을 가지고 있기도 하다. 표에서 해당 성질을 가진 수를 찾아 적어보자.

눈에 보이는 크기와 양을 나타내는 수	
눈에 보이지 않는 크기와 양을 나타내는 수	
현실과 전혀 관련없는 상상의 수	

자신만의 단위를 가진 수	
단위에 '방향'이라는 요소를 추가한 수	
단위를 파악할 수 없는 수	

■ 우리는 새로운 수를 배우면 항상 그 수의 연산(계산)을 어떻게 할 것인지 배웠다. 하지만 거꾸로 연산을 하다가 만들어진 수들도 있다. 책의 내용을 바탕으로 다음 수들이 어떤 연산에 의해 탄생했는지 정리해보자.

분수	
음수	
무리수	
허수	
소수	

활용 팁

분수는 책에 있지 않지만 간단히 생각해볼 수 있을 것 같아서 넣었다. '지노 사이다 수학 시리즈'의 『맛있는 연산』에서 이 내용을 자세히 다루고 있다.

■ 수학에서 자주 등장하는 '추상화'의 뜻은 다음과 같다.

> 주어진 문제나 시스템을 중요하고 관계있는 부분만 분리해내어 간결하고 이해하기 쉽게 만드는 작업. 이러한 과정은 원래의 문제에서 구체적인 사항은 되도록 생략하고 핵심이 되는 원리만을 따지기 때문에 원래의 문제와는 전혀 관계가 없어 보이는 수학적인 모델이 나오기도 한다. 이 기법은 복잡한 문제나 시스템을 이해하거나 설계하는 데 없어서는 안 될 중요한 요소이다.

(1) 자연수의 탄생 과정에서 추상화된 것은 무엇인지 책의 내용을 바탕으로 자신의 생각을 써보자.

(2) 실수나 음수의 탄생 과정에서 추상화된 것은 무엇인지 책의 내용을 바탕으로 자신의 생각을 써보자.

(3) 허수의 탄생 과정에서 추상화된 것은 무엇인지 책의 내용을 바탕으로 자신의 생각을 써보자.

■ 문자는 수를 대신하는 역할을 한다고 한다. 따라서 문자를 수처럼 취급하는 순간 수학은 또 한 걸음 나아갈 수 있게 되었다. 다음을 정리해보자.

(1) 모르는 수를 문자로 지정하여 '미지수'라고 부르기로 하였다. 이를 통해 무엇이 가능하게 되었는가?

(2) 일정한 조건이나 규칙을 가지는 수를 하나의 수로 표현하고 '변수'라고 부르기로 하였다. 이를 통해 무엇이 가능하게 되었는가?

본문 – 4부. 수, 어디에 써먹을까?

활동 소개

수는 일종의 '언어'로서 세상에 존재하고 있으며 그로 인해 여러 가지 상징적 의미를 지니기도 한다. 이렇게 일상생활 곳곳에서 보이는 수의 모습을 소개하고 과학의 방법에서 빠질 수 없는 수의 역할도 안내하고 있다. 따라서 수의 어떤 속성이 이렇게 다양한 쓰임새를 갖는지 생각해보는 활동으로 구성하였다. 특히 과학 발전에 큰 역할을 하는 것에 대해서는 과학 교과서를 인용한 활동을 넣었다.

■ **수학은 어디 쓰이는지 잘 몰라도 '수'는 세상 곳곳에 쓰이고 있다는 것을 잘 알 것이다. 심지어 수의 본질적인 기능과 상관없는 곳에도 수학이 쓰인다. 수의 어떤 성질 때문에 활용되는지 정리해보자.**

(1) 우주로 보내진 골든 레코드는 왜 외계인과의 소통 수단으로서 숫자를 선택했을까?

(2) 내가 특별하게 여기는 숫자가 있는가? 그 숫자가 무엇인지, 어떤 의미를 가지고 있는지 적어보자. 사람들은 왜 숫자에 의미를 부여할까?

(3) 저자는 양전자, 반양성자, 반물질, 반중력의 개념이 왜 수와 연결되어 있다고 생각할까?

(4) 수를 소재로 활용한 미술 작품들을 찾아 감상해보고 자신의 느낌을 적어보자. (작품들에 대한 전반적인 느낌도 좋고, 한 작품에 대한 감상도 좋다.)

(5) 인공지능이 작곡을 하는 데 수가 어떻게 쓰였을지 다음 영상을 통해 추측해보자.
<song from π> https://www.youtube.com/watch?v=OMq9he-5HUU&t=40s

동영상 바로 보기 ▶

다음은 과학 교과서의 일부분이다. 다음을 읽고 물음에 답해보자.

> 일정한 속력으로 물체를 들어 올릴 때는 중력에 대해 한 일이 물체의 위치에너지가 된다. 질량이 m(kg)인 물체를 높이 h(m)만큼 들어 올릴 때 중력에 대해 한 일은 다음과 같다.
>
> > 중력에 대해 한 일(J) = 물체의 무게 × 올라간 높이
> > $\qquad$ = 9.8 × 질량 × 올라간 높이
> > $\qquad$ = 9.8mh
>
> 따라서 물체의 위치 에너지도 다음과 같이 나타낼 수 있다.
>
> > 중력에 의한 위치에너지(J) = 9.8mh
>
> — 중학교 3학년 과학 교과서 '운동과 에너지' 단원 중에서

(1) 수나 수식 없이 플라톤의 저서 『티마이오스』처럼 책을 써야 한다면 교과서가 어떻게 바뀔지 고쳐보자.

(2) 인터넷 사전에서 '과학'을 검색해보면 "세계의 구성, 변화 등에 관한 합리적 이해를 목적으로 수학과 실험의 방법을 이용하여 수행하는 지적 탐구활동 또는 그 결과물로서의 학문"(한국민족문화 대백과)이라는 정의가 있다. 과학을 하는 데 '수학의 역할'이 무엇인지 책의 내용을 바탕으로 정리해보자.

활용 팁

- 본인의 학창 시절을 생각하며 과학 교과서를 찾아보았는데, 교육과정이 예전과는 많이 바뀌었다고 느꼈다. 이제 중학교 교과서에는 법칙을 공식으로 가르치는 경우가 거의 없고 정비례, 반비례 관계이다 정도를 밝히는 수준으로 가르치고 있어서 3학년 교과서에서 겨우 공식을 찾을 수 있었다.

- 수가 없다면 9.8을 구하거나 에너지를 수치화하는 것도 힘들 것이다. 높이가 높을수록, 질량이 클수록 힘이 세어진다는 정도만 쓸 수 있을 것이다.

본문 – 5부. 인공지능 시대의 수

활동 소개

5부는 수가 컴퓨터의 언어로 사용되면서 인공지능이 발전한 과정을 보여준다. 수는 이제 크기를 표현한다는 원래 기능에서 벗어나 기호가 되었고, 그 기호를 연산하는 인공지능을 발전시켰다. 이 내용과 관련한 활동으로 생성형 AI 프로그램을 예로 들어, 책의 내용을 바탕으로 원리를 탐구해보게 하였다. 또한 그런 원리로 인해 AI 프로그램을 활용할 때의 자세에 대해서도 생각해볼 수 있게 하였다.

■ 다음은 생성형 AI 프로그램에 넣은 질문과 그에 대한 AI의 답변이다. 잘 읽고 물음에 답해보자.

> 질문 : 중학교 1학년인데 새해 목표를 수학 점수 높이기로 정했어. 어떻게 공부하면 좋을까?
>
> 답변 : 수학 점수를 높이기 위한 몇 가지 방법을 추천해드릴게요!
>
> 　1. 기초 개념 다지기 : 수학은 기초 개념을 잘 이해하는 것이 중요합니다. 난이도에 맞는 교재나 온라인 강의를 활용하여 기초 개념을 다지고, 이해가 안 되는 부분은 교사나 동료에게 질문해보세요.
>
> 　2. 문제 풀이 연습 : 수학 문제를 많이 풀면 실력이 향상됩니다. 교과서나 문제집을 활용하여 다양한 유형의 문제를 연습해보세요. 어려운 문제는 단계적으로 푸는 연습을 해보면 좋습니다. (하략)

(1) AI는 어떤 원리로 질문에 답하는 것일까? 사람처럼 질문을 이해한 것일까? 책의 내용을 바탕으로 원리를 추측해 써보자. ('수', '연산', '상관관계'가 들어가도록 쓴다.)

(2) 위의 글을 보면 AI의 답변이 적절하고 도움이 되는 것 같다. 그렇다면 우리는 AI의 결정을 100% 믿고 따라도 될까? (1)에서 정리한, AI가 답변을 도출하는 원리를 근거로 AI를 대하는 우리의 자세에 대해 생각하고 써보자.

활용 팁　AI는 질문을 이해하고 답한 것이 아니고 수학적 확률로 계산하여 답변한다(인과관계가 아니라 상관관계이다). 따라서 같은 질문이라도 질문을 할 때마다 다른 답변을 내놓는다. 이런 점을 고려하여 학생들이 AI는 인간의 결정을 돕는 보조 수단임을 인식하도록 한다. (2)는 디지털 리터러시 교육을 첨가한 질문이다.

활동 소개

책을 읽고 나서 수에 대한 생각의 변화가 있는지, 새롭게 알게 된 것은 무엇인지 정리해볼 수 있는 활동으로 구성하였다.

■ 다음 두 사람의 대화를 읽고 A와 B 두 사람에게 우리가 읽은 『경이로운 수』의 내용을 바탕으로 아래 단계로 조언을 해보자.

> A : 무리수 배우는 거 너무 힘들어. 순환하지 않는 무한소수래. $\sqrt{320}$? 이러면 어떤 크기인지 감도 없어. 계산은 또 얼마나 복잡하다고?
>
> B : 내가 학원에서 수학 공부 좀 미리 해봤는데 무리수 그건 아무것도 아니야. 고등학교 가면 허수라는 거 배우는데 그건 심지어 상상의 수라고 하네. 이런 거 왜 배우는 거야? 머리 좋은 수학자들이 우리를 괴롭히려고 만들어낸 게 아닐까?
>
> A : 정말? 난 망했다. 음수 곱하기 음수가 양수인 거 배울 때부터 너무 힘들었는데 그냥 난 수학 포기하고 돈 계산이나 하는 정도로 만족해야겠어. 아니, 도대체 수를 왜 이렇게 많이 만들어서 가르치는 거야? 그런 수마다 연산은 왜 있는 거고?

(1) 수의 확장과 함께 인간의 인식이 확장되었다.

(2) 쓸모를 생각하고 만든 것은 아니지만 쓸모가 있다.

(3) (입시를 위해서라는 이유를 제외하고) 이렇게 생각하며 공부하면 도움이 될 것 같다.

활용 팁

책의 전체 내용을 정리할 수 있는 활동이다. 한 편의 글로 쓰는 것이 학생들에게 어려울 것 같아서 부분으로 나누어서 정리하도록 하였다. 각 문장에 대한 구체적인 내용을 적어보게 한 후, 이를 합쳐 한 편의 글로 정리할 수 있게 한다.

지노 사이다 수학 시리즈 4 – 맛있는 연산

독서 활동지 활용법

활동 소개

독서 과정을 '읽기 전' '읽는 중' '읽은 후'로 나누고, '읽는 중'은 부별로 활동을 나누었습니다.
각 부의 내용을 정리하고 필요한 활동들을 소개하였습니다

활동 카드

진행하는 교사가 실정에 맞게 재구성할 수 있도록 카드 형식으로 편집하였습니다.
독자 수준이나 독후 활동 가용 시간에 맞는 활동을 골라 진행하면 됩니다

활용 팁

더 자세한 설명이 필요한 활동에 '활용 팁'을 넣었습니다.

책을 읽기 전에

이 책을 읽기 전의 나도 계산과 연산의 차이에 대해서 생각해본 적이 없었다. 두 용어에 대한 학생들의 단편적인 생각들을 모아보고 그러한 생각들이 책을 읽은 후에 어떻게 바뀌었는지 되돌아볼 수 있도록 한다. 그리고 책을 읽을 때 그냥 스치기 쉬운 앞뒤 표지와 책날개를 꼼꼼히 살펴볼 수 있는 활동을 구성하여 책의 특징을 미리 알아볼 수 있도록 하였다.

■ '연산'과 '계산'은 같은 말일까, 다른 말일까? 책의 앞표지를 보면서 표지의 그림 중에 '계산'과 더 어울리는 것과 '연산'과 더 어울리는 그림으로 분류해서 표에 적어보고, 두 단어의 뜻이나 주로 쓰이는 곳, 연관해서 떠오르는 단어도 함께 자유롭게 적어보자.

계산	연산

■ 백과사전이나 국어사전에서 '계산'과 '연산'을 검색해보고 두 용어의 뜻과 차이점을 적어보자.

계산	
연산	
두 용어의 차이점	

■ 뒤표지를 읽고, 이 책을 읽고 나면 연산과 관련하여 어떤 것들을 알 수 있게 될지에 대해 세 가지 이상 적어보자.

활용 팁

• 워드아트(워드클라우드) 사이트를 이용하여 '계산'과 '연산' 하면 떠오르는 단어들을 세 가지씩 쓰게 한 뒤 그 결과를 학생들에게 보여주고, 공통된 생각을 함께 확인할 수 있다.
• 앞표지와 뒤표지를 살피다 보면 학생들이 책의 제목이나 저자, 이 책의 시리즈에 대해 궁금할 수 있다. 이후 뒤표지 날개와 앞표지 날개를 읽히면 그 궁금증들이 거의 해결된다.

들어가는 글과 차례를 읽고

활동 소개

책을 읽을 때, 들어가는 글이나 차례를 잘 읽지 않거나 대충 읽는 경우가 많다. 하지만 들어가는 글과 차례는 본격적으로 책을 읽기 전에 책을 쓴 목적이나 책의 주제, 어떤 내용이 나올지를 알려주는 길잡이가 된다. 따라서 학생들이 미리 이 책의 내용과 주제를 예측해볼 수 있는 활동을 구성하였다.

■ '들어가는 글'을 읽고 다음을 정리해보자.

(1) 저자가 연산을 제대로 알기 전에 연산을 어떻게 생각하고 있었는지 정리해보고, 나는 연산에 대해 얼마나 알고 있다고 생각하는지 써보자.

(2) 우리가 배우는 수학 단원에서 '연산'이 어떻게 쓰이는지 생각해보자.

정수, 유리수, 수 등 새로운 수를 배울 때	
함수를 배울 때	
도형을 배울 때	
확률을 배울 때	
통계를 배울 때	

■ 책의 '차례'만 보고 이 책을 읽은 척해보자. 19개의 소제목을 잘 읽어보고 1부부터 5부까지 어떤 내용이 있는지 정리해보자.

>>>> 1부) 연산, 왜 배울까?

예시) 연산이 수학을 지긋지긋하게 만드는 것이라고 생각했는데 알고 보니 유용한 것이었다.

>>>> 2부) 연산, 무엇일까?

>>>> 3부) 연산, 어떻게 공부할까?

>>>> 4부) 연산, 어디에 써먹을까?

>>>> 5부) 인공지능 시대의 연산

본문 – 1부. 연산, 왜 배울까?

활동 소개

1부는 이 책의 도입부로서 우리가 흔히 말하는 '계산'으로서의 연산을 이야기하며 지겹고 따분하게 느끼는 연산이지만 수학의 역사에서 중요한 역할을 해왔으며 앞으로도 중요한 역할을 할 것임을 암시한다. 본문을 읽고 계산에 대한 개인적 감정을 공유하는 시간을 가져보고, 연산이 수학에서 중요한 이유를 짚어보는 활동으로 구성하였다.

■ 여러분은 '계산'을 좋아하는가? 아니면 계산 때문에 수학이 싫어졌나? 개인적 의견과 경험을 나누어보자.

나는 계산을 좋아합니다.	나는 계산이 너무 싫습니다.
왜냐하면,	왜냐하면,

■ '연산'을 주제로 '수학 역사신문'을 만든다면 어떤 기사가 나올 수 있을까? 책에서 읽은 내용을 바탕으로 기사의 헤드라인(제목)을 지어보자.

23쪽	예시) 『구장산술』 발간! 이제 분수 계산도 척척
25쪽	
32~33쪽	
34~36쪽	

활용 팁

- 대부분 계산을 지루하고 싫다고 할 수 있지만, 계산을 좋아하는 학생이 있다면 그 매력이 무엇인지 이야기를 나눠볼 수 있다.
- 헤드라인을 만들기 위해 책을 꼼꼼히 읽게 되고, 연산이 역사적으로 얼마나 중요한 역할을 해왔는지를 스스로 정리할 수 있는 활동이다.

본문 – 2부. 연산, 무엇일까?

활동 소개

연산이라고 하면 수를 계산하는 것을 많이 생각할 것이다. 특히 빠르고 정확하게 계산하는 것에 초점이 많이 맞추어져 있다. 하지만 연산을 하나 이상의 수학적 대상을 일정한 규칙에 맞추어 변환시켜주는 것이라고 정의하면, 마치 연산을 새로운 게임 규칙처럼 생각할 수도 있다. 이를 위해 '이름궁합'이라는 예시를 들어 연산의 개념을 친숙하게 받아들일 수 있도록 하였고, 계산을 넘어선 다양한 연산을 정리해보고, 그 수학적 의미도 생각해보는 활동으로 구성하였다.

■ 아주 오랜 옛날, 선생님의 어린 시절부터 유행하던 '이름궁합 테스트'가 있다. 검색 등을 통해 이름궁합 구하는 방법을 찾아 실제로 적용해보자.

(1) 내가 좋아하는 연예인(또는 사람)과의 이름궁합을 구해보자.

(2) 위와 같은 이름궁합 테스트를 연산이라고 정의할 수 있는지에 대해 자신의 생각을 써보자.

(3) 우리 주변에서 연산과 같은 속성을 지닌 것의 다양한 예를 찾아보자.

활용 팁
- 이름궁합을 검색하면 예능 프로그램에서 이름궁합을 하는 동영상을 찾을 수 있다.
- 활동 후 '이름궁합'과 같이 두 개의 대상을 가지고 하나의 결과를 만들어주는 예시를 더 찾아보게 하면 연산에 대한 이해를 높일 수 있다.

■ 59쪽 "연산은 계산을 추상화한 결과물이다"라는 문장과 관련하여 다음을 생각해보자.

(1) 사전을 검색하여 '추상(抽象)'의 뜻을 찾아보자.

(2) 추상의 뜻에 따라, '계산'의 어떤 부분이 추상화되었는지 책의 내용을 바탕으로 정리해서 써보자.

(3) "수학은 추상적인 학문이다"라는 말이 많이 쓰인다. 수학은 왜 추상적일까? 자신의 생각을 써보자.

■ 저자는 자연수 외의 새로운 수의 탄생이 연산에서 시작되었다고 한다. 다음 표에서 수의 종류와 관련 연산을 정리해보고, 이 수들이 어떤 필요성이 있어서 생겼는지 자신의 생각을 써보거나 역사적, 학문적 유용성을 검색해 정리해보자.

수	관련 연산	이 수가 탄생한 계기
분수		
음수		
무리수		
허수		

활용 팁

- 연산과 관련이 꼭 있지는 않지만 '추상적'이라는 표현을 학생들이 한번 짚어볼 필요가 있다는 의도에서 넣은 활동이다. (『경이로운 수』 독서 워크북에서도 다루고 있다.)
- 연산에서 시작된 수들이 어떻게 유용하게 활용되고 있는지 찾아봄으로써 '연산 때문에 우리가 배우는 수학이 어려워졌어'라고 원망하지 않게 해줄 수 있다.

■ 새로운 연산을 만들면서 수학의 영역이 확장되어왔다. 기존의 연산을 활용해 만든 새로운 연산의 규칙을 정리해보고, 이 규칙들이 연산이 맞는지 확인해보자.

연산	기존의 연산을 활용한 규칙	연산인 이유
$a \times b$	예시) a를 b번 더한다.	
$a \div b$		
a^b		
$\log_a b$		
미분	예시) 어떤 함수의 그래프에서 한 점을 지나는 접선의 기울기를 구해준다.	
적분		

■ 86쪽 '그레이엄 수(Graham's number)'가 무엇인지, '화살표 표기법'이 무엇인지 검색을 통해 알아보자.

(1) 그레이엄 수란?

(2) 화살표 표기법이란? (구체적인 수로 예를 들어 설명 가능)

활용 팁

• 로그나 미적분의 경우 중학교 교육과정을 벗어나므로 학생들의 수준에 따라 표에서 제외할 수 있다.

• 책에서는 20÷4를 "20개를 4개씩 뺐을 때"로 설명했는데, 이런 식으로 설명하면 나누어떨어지지 않을 때는 몫과 나머지가 나온다. "20개를 똑같이 4번 빼려면 몇 개씩 빼야 할까"로 설명을 바꾼다면 나누어떨어지지 않을 때 분수를 설명하기가 쉬울 것이다. 학생들이 각 연산에 대하여 책과 같은 해석을 옮겨 쓰지 말고 이런 점에 의문을 갖고 저자의 의견과 다른 생각도 쓸 수 있도록 적절한 발문으로 유도해보자.

• '그레이엄 수'와 '화살표 표기법'에 대해 학생들도 궁금할 것 같아서 넣어본 질문이다. 활동지를 받기 전에 책을 읽고 이미 검색한 학생이 있다면 칭찬해주고 그 친구의 설명을 듣고 정리해보게 할 수도 있다.

본문 - 3부. 연산, 어떻게 공부할까?

── 활동 소개 ──

내용이 많고 고등학교 교육과정이 섞여 있어 읽기 어려운 부분일 수 있다. 그러나 평소 연산규칙과 관련하여 꼭 짚고 넘어가야 할 부분 또는 학생들이 궁금해서 자주 하는 질문에 대한 답이 들어 있기도 하다. 인터넷상에서 논란이 된 계산식을 가져와 풀어보기도 하고 연산에 대하여 필자의 주장과 다른 주장들을 가져와 비교해보기도 하면서 연산에 대해 좀 더 깊이 이해할 수 있는 활동들로 구성하였다. 특히 지수를 자연수에서 유리수로 확장하는 것처럼 엄격한 규칙 속에서 창의성을 발휘하는 연산의 진짜 재미를 발견할 수 있기를 기대한다.

■ '순환하지 않는 무한소수인 무리수'를 표현하기 위하여 만든 기호 루트($\sqrt{}$)가 새로운 수를 표현하기 위한 기호를 넘어 연산기호로 활용되고 있다. 다음 〈보기〉의 수식을 해석한 두 문장을 보고, 두 사람은 어떤 관점에서 식을 해석하였는지 생각해보자.

〈보기〉 $\sqrt{4^2} = 4$	A학생 : 제곱해서 4^2이 되는 양수이므로 4이다. B학생 : 루트 안에 제곱이 있으므로 제곱과 루트를 지우면 4가 된다.

A학생	
B학생	

■ 책에서 단항연산인 루트연산, 절댓값연산, 가우스연산을 모두 함수의 그래프로 표현하고 있다. 연산은 어떻게 함수가 될 수 있을까? 연산과 함수의 개념에서 공통점을 찾아보자. 또한 연산은 모두 함수가 될 수 있을까? 함수는 모두 연산일까? 이런 것들에 대해서도 생각해보자.

(1) 연산과 함수의 개념에서 공통점 찾기

(2) 연산은 모두 함수가 될 수 있을까?

(3) 함수는 모두 연산일까?

■ 48÷2(9+3)을 어떻게 계산해야 할까?

■ 사칙연산의 혼합계산에서 '곱셈과 나눗셈을 덧셈과 뺄셈보다 먼저' 하는 이유는 무엇일까? 이에 대한 다양한 주장들이 있다. 인터넷 검색을 통하여 그 이유에 대한 다양한 주장을 찾아보고, 책에서 주장한 이유(128쪽)와 비교하여 가장 공감되는 주장을 선택해보자.

이유 1	
이유 2	
이유 3	
이유 4	
나의 선택	

활용 팁   입력값과 출력값이 있다는 점에서 공통점을 찾을 수 있다면 함수에 대한 이해를 넓힐 수 있다.

■ 분배법칙은 나눗셈에서 성립하지 않는다고 하였다.

$24 \div (2 + 4) = 24 \div 6 = 4$이고 $24 \div 2 + 24 \div 4 = 12 + 6 = 18$이므로

$24 \div (2 + 4) \neq 24 \div 2 + 24 \div 4$이다.

그런데

$(12 + 24) \div 6 = 36 \div 6 = 6$이고 $12 \div 6 + 24 \div 6 = 2 + 4 = 6$이므로

$(12 + 24) \div 6 = 12 \div 6 + 24 \div 6$이다.

즉, 순서를 바꾸면 분배법칙이 성립한다. 순서를 바꾸면 왜 분배법칙이 성립하는지 이유를 설명해보자.

■ 책에서 "연산의 고수는 배치의 고수다"라고 하였다. 다음 두 자릿수 곱셈법을 잘 보고 그 이유를 숫자와 연산의 적절한 배치를 이용하여 설명해보자.

$38 \times 32 = (30 \times 40) + (8 \times 2) = 1200 + 16 = 1216$
$83 \times 87 = (80 \times 90) + (3 \times 7) = 7200 + 21 = 7221$

활용 팁

• 상단 문제는 학생들이 평소에 가졌던 질문일 수 있고 흥미를 느낄 수 있다. 정답을 찾기보다는 자료를 찾고 자신의 논리로 설명해보는 시간을 통해 수학으로 토론이 가능하다는 점을 체험해볼 수 있다.

• 검색이 필요한 과제인 경우, 온라인 활동지를 만들어 이유를 간단히 요약해서 적고 그 문자열에 출처 링크를 삽입한다.

■ 이 책에 나온 음수가 포함된 수의 사칙연산법이 왜 그렇게 되는지에 대한 설명은 교과서에서 설명하는 방법과는 다르다. 실제 수학 교과서의 음수가 포함된 수의 사칙연산법 설명 모델을 정리해보고, 중학교 1학년 학생에게 어떤 방법으로 가르치고 설명하는 것이 좋을지 자신의 생각을 써보자.

(1) 교과서의 설명

>>>> 음수가 포함된 수의 덧셈과 뺄셈

>>>> 음수가 포함된 수의 곱셈과 나눗셈

(2) 교과서의 설명과 이 책의 설명 중 중학교 1학년 학생에게 이해시키기 좋은 방법은?

- -

■ 우리에게 0은 그리 어려운 수가 아니다. 그저 '없다'는 것을 표현하는 기호라고 생각한다면 말이다. 하지만 0의 등장으로 연산의 세계에서는 많은 고민이 생긴 것으로 보인다. 이 책에서 0과 관련된 연산규칙들과 그 이유를 찾아 정리해보자.

$x \div 0$	
0^0	
$0!$	

■ '11장. 헷갈리고 틀리기 쉬운 연산 규칙들'(170~192쪽)의 내용을 바탕으로 193쪽의 물리학자 '브라이언 그린(Brian Greene)'의 말이 어떤 의미인지 해석해보자. 수학은 창의적 분야라고 하면서 수학의 규칙에 구속되어 있다는 것은 어떤 의미일까?

활용 팁

• 어떤 수를 0으로 나누면 안 되는 이유는 학생들의 단골 질문이다. 중학교 교육과정에서 벗어나는 부분도 있지만 0과 관련된 연산규칙을 정리해보면서 '0'이란 수에 대해 고민해보는 기회가 될 수 있다.

• 정해진 규칙을 깨지 않으면서 지수의 범위를 유리수로 넓혀 아주 작은 수나 무리수를 표현할 수 있게 했다거나 지수의 역연산인 로그를 만들어 큰 수의 계산을 편리하게 만들었다는 내용이 구속되어 있는 규칙 속에서 창의성을 발휘한 예로 들 수 있다.

■ 책의 내용을 바탕으로 루트(√)가 있는 수의 사칙연산에서 문자의 방식으로 처리하는 연산규칙과 유리수의 방식으로 처리하는 연산규칙을 구분하여 정리해보자.

(1) 문자처럼 처리하는 규칙

(2) 유리수처럼 처리하는 규칙

■ 계산이 연산으로 확장되면서 '수'가 아닌 수학적 대상에 대해서도 연산이 정의될 수 있다는 것을 알게 되었다. '새로운 수학을 만나면 연산을 확인하라'라는 말처럼 우리가 배우는 교과서의 차례를 펴고 각 단원에서 확인해야 할 연산은 무엇이 있는지 확인해보자.

활용 팁

• 무리수의 계산을 가르칠 때 "문자라고 생각해!"라고 설명을 많이 하는데, 그에 대해 정리해볼 수 있는 활동이다.

• 현재 학년의 교과서를 펼쳐보고 '연산'이나 '계산'이라는 말이 없더라도 그 단원에서 연산에 해당하는 내용으로 무엇이 있을지 살펴보고 고민해보도록 한다.

본문 – 4부. 연산, 어디에 써먹을까?

활동 소개

가장 어려운 4부를 지나고 살짝 한숨 돌릴 수 있는 부분이다. 연산이 우리 실생활 어디에나 숨어 있으며, 연산을 이용하면 새로운 발견과 창조를 할 수 있다는 내용들로 구성되어 있다. 컴퓨터가 연산을 통해 많은 일을 처리하는 것을 생각하면, 사실 현대사회에서 연산은 거의 수학 그 자체라고 할 수도 있다. 따라서 내 생활 속에서 연산이 얼마나 영향을 미치고 있는지 생각해보는 활동과 연산과 관련된 책의 내용을 더 넓고 깊게 이해할 수 있는 활동으로 구성하였다.

■ **다음 글을 읽고 물음에 답해보자.**

우리는 어디를 가든 매 순간 수학과 마주친다. 물론 글자 그대로의 수학을 말하는 것은 아니다. 직업상 늘 수학에 관해 생각하고 고민하는 나조차 연산 한 번 하지 않고 지나가는 날이 더 많다. 이렇게 우리가 알아주지 않더라도 수학은 항상 '음지에서' 묵묵히 대활약을 펼치고 있다. 수학이 없었다면 길을 알려주는 구글 지도는 존재하지도 못했을 것이다. 넷플릭스는 작품을 무작위로 추천하고, 추천작에 대한 이용자들의 만족도는 형편없이 낮았을 것이다. 구글이라는 검색엔진도 지금처럼 원활히 돌아가지 않았을 것이다. 요컨대 우리가 매일 다양한 서비스를 이용하여 문명의 이기를 누릴 수 있는 이유는 우리 눈에 보이는 화려한 무대 뒤에 수학이라는 숨은 공로자가 버티고 있는 덕분이다. (중략) 수학의 어루만짐 덕분에 우리가 누리는 서비스는 여기에서 그치지 않는다. 스마트폰을 통해서 매일 각종 통계가 포함된 뉴스를 접하는 것도 수학 덕분이다. 선거를 앞두고 전국 지지율 현황을 파악하기 위해 실시하는 여론조사에도 수학의 입김이 닿아 있다. (중략)

한편 스마트폰으로 커피를 주문하는 것도 이제는 일상이 되었다. 바리스타는 아마도 스테인리스 재질의 거대한 에스프레소머신에서 내가 주문한 커피 한 잔을 뽑아낼 것이다. 해당 장비는 에스프레스에 딱 맞는 온도까지 물을 데울 것이다. 프리미엄 모델이라면 당연히 성능이 더 뛰어나다. 원하는 온도까지 아주 빠른 속도로 물을 데운 뒤 주어진 데이터를 바탕으로 물 온도를 조금 더 올릴지 내릴지를 계산하고, 완벽한 온도에 도달했을 때 비로소 커피를 추출할 것이다. 커피 마니아들도 잘 모르겠지만, 에스프레소 한 잔을 뽑아내는 기술 뒤에도 고등학교 시절 수학 선생님이 침 튀기며 가르치던 공식들이 웅크리고 있다.

커피가 배달되는 동안 뉴스나 훑어볼까? 어라? 정부에서 개혁안을 발표했군! 흠, 기존의 정책을 대대적으로 손보는 게 과연 옳은 일일까? 이 질문에 객관적인 답을 얻으려면 개혁안에 관해 각종 경제 연구소에서 내놓은 전망을 살펴봐야 한다. 그 전망들을 제시하기 위해 연구소들은 수많은 항목을 평가하고 분석한다. 개중에는 개혁안을 밀어붙여야 내 주머니가 더 두둑해진다고 말하는 곳도 있다. 그 연구소에서는 우연히 지금 내 눈앞에 닥친 문제와 관련된 요인에 주목해 사안을 분석했을 수도 있고 아닐 수도 있다. 어느 쪽이든 그 분석 과정에서 엄청난 범위의 수학이 개입된다. — 『수학이 만만해지는 책』(스테판 바우스만, 웅진지식하우스) 중에서

(1) 이 글에 나온 '수학'을 '연산'으로 바꾸어 읽어보고 그렇게 바꾸어도 글이 어색하지 않은지 판단해보자.

(2) 오늘 아침에 일어나서 지금까지 나의 일과를 자세히 적어보고, 앞의 글처럼 연산(수학)이 쓰였을 것으로 예상되는 상황을 찾아보자.

■ 책에서 소개한 $\sqrt{2}$의 근삿값을 구하는 방법은 교과서에서 소개된 근삿값을 구하는 방법과는 다르다. 두 방법을 비교하여 장단점을 정리해보자.

	책에서 소개한 방법	교과서의 방법
장점		
단점		

■ 책에서 언급된 근삿값 계산법에 대해 검색해보자.

개평법	
뉴턴의 방법	
가우스의 최소제곱법	

■ 이 책의 250쪽에서 양자공학자 세스 로이드의 말을 다시 한번 읽어보자.

> "나는 '우주가 실제로 디지털 컴퓨터이고 보편적인 계산을 수행할 수 있다'는 것을 증명하지는 않았다. 그러나 그런 생각은 타당한 것 같다."

이 말의 의미를 239~240쪽의 내용을 예로 들어 해석해보자.

활용 팁

개평법, 뉴턴의 방법, 최소제곱법 모두 학생들의 수준에서 이해가 힘들지만 궁금해하는 학생들을 위해 질문을 만들었다. 이해하기 힘들더라도 그 방법들이 어디에 쓰이는지 등 그 의미를 정리해보게 하면 좋다. 특히 최소제곱법은 코딩(파이썬)에서 많이 사용하는 회귀분석법과 연관된다는 점을 알려주면 좋다.

본문 – 5부. 인공지능 시대의 연산

활동 소개

5부는 컴퓨터의 역사를 통해 컴퓨터와 연산이 떼려야 뗄 수 없는 관계임을 보여준다. 특히 인공지능의 비약적 발전이 연산 덕분이라는 사실을 보여줌으로써 연산에 대한 이해가 있어야 인공지능을 이해할 수 있음을 깨닫게 해준다. 따라서 컴퓨터와 인공지능의 발전 과정에서 연산의 역할을 생각해볼 수 있는 활동으로 구성하였다.

■ 컴퓨터는 계산 덕분에 만들어졌다고 볼 수 있다. 사칙연산에서 다양한 연산으로 수학이 발전했듯이, 컴퓨터가 발전해온 역사를 정리해보자.

시기	인물	사건
1613년		
1623년		
1642년		
1673년		
1791~1871년		
1815~1552년		
1912~1954년		

■ '컴퓨터가 있는데 계산을 왜 공부해야 해?'라는 질문에, 이 책의 내용을 바탕으로 컴퓨터를 이해하기 위해 연산의 이해가 필요하다는 설명을 하려고 한다. 컴퓨터가 계산기에서 만능 기계가 되는 데 연산이 어떤 역할을 했는지, 인공지능이 급속도로 발전한 데 연산이 어떤 역할을 했는지를 중심으로 설명해보자.

책을 읽고 나서

활동 소개

책을 읽고 나서 연산에 대한 생각의 변화가 있는지, 새롭게 알게 된 것은 무엇인지 정리해볼 수 있는 활동으로 구성하였다.

■ **책을 읽기 전 사전 활동으로 내가 연산(계산)에 대해 가졌던 생각과 책을 읽고 난 후 생각에 어떤 차이가 있는가? 이 책에서 새롭게 안 것이나 인상 깊었던 내용을 활용하여 '연산에 대한 오해와 진실'이라는 주제로 카드뉴스를 만들어보자.**

(1) 책의 내용 중 다른 사람들에게 소개하고 싶은 내용 선정하기 (주제 선정)

※ 한 가지만 정하지 말고 여러 가지 떠오르는 것을 다 적어보세요

(2) 카드뉴스에 들어갈 내용 선정하여 정리하기

(3) 책의 내용 외 관련 자료 검색하기

※ 검색 후 활용할 자료의 링크를 넣어주세요.

(4) 적당한 프로그램이나 사이트를 활용하여 카드뉴스 제작하기

※ 자신이 잘 활용할 수 있는 프로그램(제작 사이트)을 정하여 카드뉴스를 제작하세요.
※ 카드뉴스 제작에 활용한 책의 제목이나 온라인 자료의 출처를 꼭 밝혀주세요.
※ 사용한 이미지의 저작권도 잘 살펴보세요. (무료 저작권 이미지 사이트를 활용하세요.)

활용 팁

- 카드뉴스를 만들 때 디지털 기기를 활용해야 하므로 활동지도 온라인으로 제작하여 작성하게 하고 만드는 과정에서 피드백을 줄 수 있다.
- 모둠별 과제로 부여한다면 공동작업이 가능한 프로그램을 활용하도록 하자.

■ 이 책에는 '연산(calculation 또는 computation)'이라는 단어가 들어간 유명인들의 말이 불쑥불쑥 튀어나온다. 다음 활동을 함께 해보자.

(1) 책 속 인용구를 보면 연산(계산)을 찬양(?)하는 말과 연산 만능주의를 비판하는 말이 섞여 있다. 각각을 대표하는 인용구를 하나 골라, 그 말의 뜻을 해석해보자.

>>>> 찬양

>>>> 비판

(2) 가장 마음에 들었던 인용구를 쓰고 이유를 적어보자.

>>>> 가장 마음에 들었던 인용구

>>>> 그 이유

(3) 내가 만약 '연산'이 들어간 멋진 명언을 남긴다면? 우리 학교 전설로 남을 멋진 명언을 만들어보자.

활용 팁   책을 읽기 전에 인상 깊은 인용구가 나오면 표시하라고 미리 일러두어야 한다.

지노 사이다 수학 시리즈 5 – 시원폭발 함수

독서 활동지 활용법

활동 소개
독서 과정을 '읽기 전' '읽는 중' '읽은 후로 나누고, '읽는 중'은 부별로 활동을 나누었습니다.
각 부의 내용을 정리하고 필요한 활동들을 소개하였습니다.

활동 카드
진행하는 교사가 실정에 맞게 재구성할 수 있도록 카드 형식으로 편집하였습니다.
독자 수준이나 독후 활동 가용 시간에 맞는 활동을 골라 진행하면 됩니다.

활용 팁
더 자세한 설명이 필요한 활동에 '활용 팁'을 넣었습니다

활동 소개

학생들은 함수를 배우고는 있지만 함수가 무엇이냐고 물으면 정확하게 설명하지 못한다. 책을 읽기 전에 함수에 대해 학생들이 가지고 있는 단편적인 생각들을 모아보고 그러한 생각들이 책을 읽은 후 어떻게 바뀌었는지 되돌아볼 수 있도록 한다. 그리고 책을 읽을 때 그냥 스치기 쉬운 앞뒤 표지와 책날개 등을 꼼꼼히 살펴볼 수 있는 활동을 구성하여 책의 특징을 미리 알아볼 수 있도록 하였다.

■ '함수'라는 단어를 들었을 때 내 머릿속에 떠오르는 생각들을 적어보자.

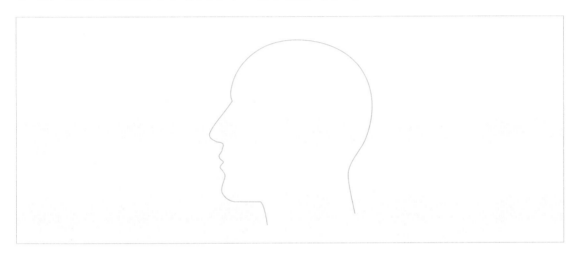

■ 앞표지를 보고 떠오르는 질문을 자유롭게 써보자.

■ 뒤표지를 읽고, 이 책을 읽고 나면 함수와 관련하여 어떤 것들을 알 수 있게 될지 세 가지 이상 적어보자.

활용 팁

• 워드아트(워드클라우드) 사이트를 이용하여 '함수' 하면 떠오르는 단어들을 세 가지씩 쓰게 한 뒤 그 결과를 학생들에게 보여줄 수 있다.

• 앞표지를 보고 '왜 시원폭발 함수인지' '지노 사이다 수학 시리즈는 무엇인지', '수냐는 누구인지', '표지는 왜 파란색인지' 등을 이야기한다. 이후에 뒤표지 날개와 앞표지 날개를 읽으면 그 궁금증들이 거의 해결된다.

들어가는 글과 차례를 읽고

활동 소개

책을 읽을 때, 들어가는 글이나 차례를 잘 읽지 않거나 대충 읽는 경우가 많다. 하지만 이는 본격적으로 읽기 전에 책을 쓴 목적이나 주제, 내용에 대한 길잡이가 된다. 따라서 학생들이 미리 이 책의 내용과 주제를 예측해볼 수 있는 활동을 구성하였다.

■ '들어가는 글'을 읽고 다음을 정리해보자.

(1) 저자가 함수를 제대로 알기 전에 '함수'라고 하면 떠올렸을 것 같은 세 단어를 써보고 본인의 함수에 대한 생각과 비교해보자.

(2) 함수가 시대적으로 중요한 의미를 갖는 이유가 무엇이라고 했는지 정리해보자.

■ '차례'를 잘 살펴보고 다음 물음에 답해보자.

(1) 누군가에게서 차례의 제목과 같은 질문을 받는다면 지금의 나는 어떤 대답을 해줄 수 있을까? 다음 중 대답할 수 있는 질문이 있다면 답을 달아보자.

>>>> 1부) 함수를 왜 배울까?

>>>> 2부) 함수, 무엇일까?

>>>> 3부) 함수, 어떻게 공부할까?

>>>> 4부) 함수, 어디에 써먹을까?

>>>> 5부) 인공지능 시대의 함수

(2) 만약 시간이 부족해 이 책의 절반만 읽어야 한다면 어떤 부분을 골라서 읽을까? 차례를 보고 가장 중요하다고 생각
되거나 본인에게 흥미 있는 부분을 골라보자.

본문 – 1부. 함수를 왜 배울까?

활동 소개

1부는 이 책의 도입부로서 함수의 정체가 무엇인지 의문을 던지고 중학교와 고등학교에서 정의하는 함수에 대해 이야기하면서 함수가 '대응'에 초점이 맞추어져 있음을 이야기한다. 그리고 책 제목, 드라마 대사, 신문기사, 컴퓨터 프로그래밍에 '함수'라는 단어가 등장하는 예시를 통해 함수가 세상 곳곳에 숨어 있음을 보여준다. 함수에 대한 다양한 키워드들을 정리해보고 세상 곳곳에 숨어 있는 함수의 쓰임을 통해 함수가 무엇이라고 생각되는지 정리할 수 있는 활동을 구성하였다.

■ 다음은 함수와 연관된 단어들이다. 책의 내용을 바탕으로 다음 단어들이 함수와 어떤 연관성이 있는지 정리해보자.

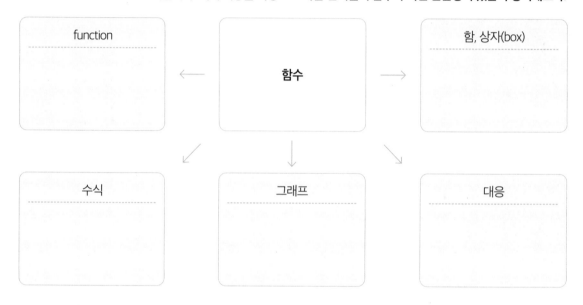

function

함, 상자(box)

함수

수식

그래프

대응

■ 앞에서 나온 책 제목, 신문기사, 영화 대사, 컴퓨터 프로그래밍에 나온 '함수'라는 용어의 쓰임을 바탕으로, 함수라는 용어가 일상생활에서 어떤 의미로 쓰이는지 자신의 생각을 정리해보자.

활용 팁

1부의 내용이 개념 등을 정리해서 알려주기보다는 여러 가지 사례들을 나열해주고 있어, 독자가 직접 책의 내용들을 정리해볼 필요가 있다. 2부에 들어가기 전에 함수가 무엇인지 혼자 고민해볼 수 있는 시간을 갖도록 한다.

본문 – 2부. 함수, 무엇일까?

활동 소개

책을 읽기 전 활동에서 함수 하면 떠오르는 것을 쓰라고 하면 '어렵다', '그래프', 'f(x)'를 가장 많이 쓴다. 함수가 무엇인지 물으면 단편적인 용어만 나열할 뿐, 제대로 알고 있는 학생이 드물다. 2부는 함수의 정의에서 시작하여 한 집합 전체를 대응을 통해 새로운 집합으로 변환시키는 함수의 속성, 함수와 관련된 용어와 기호 사용법, 그래프와 함수와의 관계, 마지막으로 우리가 중고등학교를 다니는 동안 배우게 되는 함수들의 종류들을 소개한다. 이 책에서 주의할 점은, 고등학교 교육과정에 있는 정의를 바탕으로 함수에 대한 이야기를 풀어간다는 것이다. 따라서 2부에서는 집합이라는 용어나 대응이라는 용어 때문에 중학생들이 이해하는 데 어려움이 있을 수 있어 중학생들이 함수의 정의를 잘 이해할 수 있도록 하는 활동들을 구성하였다.

■ **우리 학급에서는 학급의 모든 학생에게 1인 1역을 부여하기로 하고 사다리타기 프로그램을 통해 역할을 나누기로 하였다. 다음 물음에 답하시오.**

(1) 위의 상황에서 학생들에게 역할을 부여하는 사다리타기 프로그램은 함수라고 할 수 있는지에 대해 고등수학에서의 함수의 정의에 맞추어 설명하시오.

(2) 위의 프로그램이 함수가 맞는다면 위의 함수로 그래프를 그릴 수 있는지 살펴보고, 그 이유를 설명하시오.

(3) 우리 반 '윤정'이는 사다리타기 프로그램(f)을 통해 '출석부 담당'이 되었다. 이 상황을 함숫값을 나타내는 기호를 사용하여 표현해보자.

활용 팁

대부분 '모든 학생에게 한 가지씩 역할을 부여하므로 함수가 맞다'고 쓰는데 그래프를 그릴 수 있는가에 대해서는 '순서쌍이 있으므로 그래프를 그릴 수 있다'고 한다. 좌표평면에 표현 가능한 순서쌍만 그래프로 나타낼 수 있음을 설명하고, 그래도 만약 그래프를 그리고 싶다면 어떤 방법을 쓸 수 있을지, 그렇게 그래프를 그렸을 때 그래프의 모양이 어떤 모양일지 좀 더 이야기를 나눌 수 있다. (학생의 이름은 번호로 바꾸고, 역할에 번호를 부여하면 그래프를 그릴 수 있다고 쓴 학생이 있었다.)

■ 학교에서는 각 반 학생의 이름을 가나다순으로 정렬한 다음 번호를 부여한다. 우리 반 학생이 '김선영', '류다온', '하정훈' 이렇게 세 명뿐이라고 할 때, '우리 반 학생에게 번호를 부여하는 함수'에 대하여 다음 물음에 답해보자.

(1) 책에서 "함수는 순서쌍의 집합이다"라고 하였다. 위의 함수를 순서쌍으로 표현해보자.

(,   ), (,   ), (,   )

(2) 이 함수는 어떤 '기능(function)'을 가지고 있는가?

모든 학생의 이름은 (   ) 기능을 가지고 있다.

(3) 이 함수를 '함(상자)'에 비유한다면 어떤 상자라고 할 수 있을까?

(   )을 넣으면 (   )가 나오는 상자이다.

■ 다음 문장들의 참과 거짓을 맞춰보자.

문장	참	거짓
g(a)=b는 집합 A의 모든 원소에 대하여 집합 B의 원소와 하나씩 대응시켜주는 함수 g를 기호로 표현한 것으로 g: A→B라고 표현할 수도 있다.		
학생의 점수를 넣으면 성취도(A, B, C, D, E)를 알려주는 함수를 f라고 할 때, 88점일 때의 성취도는 B임을 'f(B)=88'로 표현할 수 있다.		
x와 y사이에 규칙이 없으면 함수가 아니다.		
x와 y사이의 관계가 수식으로 표현되지 않으면 함수가 아니다.		
모든 함수는 그래프로 나타낼 수 있다.		
그래프로 나타나는 모든 관계식은 함수이다.		
선이 아니라 점만 찍어도 그래프라고 할 수 있다.		

활용 팁

• 학생들에게 함수가 어떤 '기능'을 가졌는지, 어떤 '상자'인지 물어보고 개방형으로 서술하게 하였는데 책의 내용과의 관련성을 생각하지 못하고 무슨 말을 써야 할지 어려워했다. 따라서 문장을 주고 빈칸을 채워넣는 형식으로 '기능'과 '상자'의 의미를 다시 한번 생각해보도록 하였다.

• 카훗이나 퀴즈앤 같은 앱을 활용하여 O, X 퀴즈를 진행할 수도 있다.

■ **직선형 함수와 곡선형 함수의 함수식, 그래프의 대략적인 모양을 찾아 그려보고, 가장 관심이 가는 모양의 그래프를 골라 그 이유를 써보자.**

(1) 직선형 함수식과 그래프의 모양

종류	항등함수	상수함수	정비례함수	일차함수
함수식				
그래프의 모양				

(2) 곡선형 함수식과 그래프의 모양

종류	반비례함수	이차함수	지수함수	로그함수	삼각함수
함수식					
그래프의 모양					

(3) 가장 관심이 가는 그래프 모양의 함수와 그 이유

활용 팁 지수함수, 로그함수, 삼각함수의 경우 중학교 교육과정을 벗어나는 내용이라 학생들이 그 부분의 읽기를 어려워한다. 책 내용의 이해보다는 이런 함수와 그래프가 있다는 것만 알려두는 정도로 안내한다.

본문 – 3부. 함수, 어떻게 공부할까?

활동 소개

학생들이 읽으면서 가장 어려워했던 3부이다. 함수들 사이의 연산(합성함수, 역함수)이나 함수들 간의 관계(평행이동과 대칭이동) 부분이 어렵다 보니, 방정식과 함수의 관계를 생각해보고 함수와 관련된 오개념들을 수정할 수 있는 중요한 부분을 놓치기 쉽다. 따라서 학생들의 수학 수준이나 읽기 수준을 고려하여 어려운 부분은 과감히 빼고, '09. 방정식과 함수, 비슷하면서 다르다', '12. 함수를 공부할 때 주의할 점'만 읽을 수도 있다. 따라서 3부에서는 09장과 12장의 내용을 제대로 이해할 수 있도록 돕는 활동과 나머지 10, 11, 13장의 내용을 대략적으로 이해할 수 있는 활동을 구성하였다.

다음 문제를 함수를 이용하여 풀어보고, 또 방정식을 이용하여 풀어보자.

> 지면에서 10km까지는 높이가 100m씩 높아짐에 따라 기온이 0.6℃씩 내려간다고 한다. 등산로 입구에서 잰 기온이 영하 1℃일 때, 어떤 지점의 기온이 영하 3.4℃였다고 한다. 이 지점이 등산로 입구보다 얼마나 더 높은 곳인지 구하시오.

(1) 함수를 이용하여 풀어보자.

>>>> 변수 x와 y를 정하고 등산로 입구에서 잰 기온이 영하 1℃일 때, 높이에 따른 기온의 변화 관계를 함수식으로 나타내어보자.

>>>> 위의 함수식을 이용하여 기온이 영하 3.4℃인 지점은 등산로 입구보다 얼마나 더 높은 곳인지 구해보자.

(2) 같은 문제를 방정식을 이용하여 풀어보자.

>>>> 미지수 x를 정하고 기온이 영하 3.4℃인 지점은 등산로 입구보다 얼마나 더 높은 곳인지 구할 수 있는 방정식을 세워보자.

>>>> 방정식을 풀어보자.

(3) 같은 문제를 함수로 해결할 때와 방정식으로 해결할 때의 공통점과 차이점을 생각해보자. 함수와 방정식은 서로 어떤 관계일까?

■ '방정식은 함수의 특별한 순간이다'라는 문장에 따라 다음 방정식을 이차함수 $y=x^2-3x-10$의 그래프를 이용하여 풀어보자. (그래프에 해를 구하는 과정을 그리고 글로도 설명할 것.)

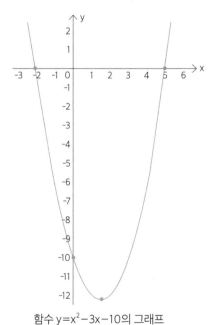

함수 $y=x^2-3x-10$의 그래프

(1) $x^2-3x-10=0$의 해를 왼쪽 그래프를 이용하여 구하시오.

> (풀이) $x^2-3x-10=0$은 함수 $y=x^2-3x-10$에서 y의 값이 (　　　)일 때의 x값이므로 그림에 표시한 것과 같이 직선 $y=0$과 그래프의 교점을 찾아보면 된다. $x=$(　　) 또는 $x=$(　　)이다.

(2) (1)과 같은 방법으로 $x^2-3x-10=-6$의 해를 왼쪽 그래프를 이용하여 구하시오.

> (풀이)

활용 팁

• 학생들이 그래프를 이용해 이차방정식의 해를 구하는 방법을 이해하기 어려워한다면 일차함수의 그래프를 이용해 일차방정식의 해를 구하는 활동으로 수준을 낮출 수 있다. 또는 중학교 2학년 때 배운 일차함수의 그래프로 연립방정식의 해를 구하는 방법과 연계하여 설명할 수 있다.

• 이 활동을 통해 함수와 방정식의 밀접한 관계, 그래프 사용의 편리성에 대해 이야기해볼 수 있다.

■ **다음은 '방정식'과 '함수'의 정의이다.**

방정식	미지수가 1개 이상 존재하는 등식에서 미지수에 대한 값에 따라 참이 되기도 하고 거짓이 되기도 하는 식
함수	두 집합 X, Y에 대하여 정의역(집합X)의 원소마다 공역(집합Y)의 원소가 오직 하나씩 대응되는 관계

(1) 아래 식이 방정식인지 함수인지 혹은 둘 다인지 구분해보고 그 이유를 써보자.

>>>> $2x+3=0$

이 식은 방정식(이다 / 이 아니다). 왜냐하면,
이 식은 함수(이다 / 가 아니다). 왜냐하면,

>>>> $2x+y=3$

이 식은 방정식(이다 / 이 아니다). 왜냐하면,
이 식은 함수(이다 / 가 아니다). 왜냐하면,

(2) 다음 그래프는 $(x^2+y^2-1)^3-x^2y^3=0$의 그래프이다. 이 그래프의 식이 방정식인지, 함수인지, 아니면 둘 다인지 판단하고 그 이유를 그래프를 이용하여 설명해보자.

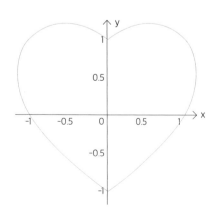

(3) (2)번 문제를 해결하는 과정에서 그래프의 장점을 적어보자.

◾ 다음은 책에서 언급한 '함수를 공부할 때의 주의점'이다. 빈칸에 알맞은 말을 채워넣거나 옳은 말에 동그라미 쳐보자.

① 함수라고 다 규칙이 있는 것은 아니다. 규칙도 없고 함수식이 없더라도 (ㄷㅇ)만 제대로 시켜서 (ㅅㅅㅆ)의 집합만 만들어내면 모두 함수다.

② 함수식이 달라도 함수에 대한 (ㄷㅇ)의 결과만 같다면 두 함수는 서로 (ㅅㄷ)이다.

③ 같은 직선이라도 x=3은 (함수이고 / 함수가 아니고), y=3은 (함수이다 / 함수가 아니다).

④ x축과 y축은 (ㅅㅂㅁ)에서 제외된다.

⑤ 그래프라고 모두 함수인 것은 아니다. x의 값에 대하여 y의 값이 오직 (ㅎㄴㅆ)만 대응되어야 함수의 그래프이다.

⑥ 함수의 그래프, 항상 (ㅇㅅ)하는 것은 아니다. (ㅈ)으로 끊어져 있거나, 연속되어 있지만 특정 구간만 존재할 수도 있다.

◾ 류수경 선생님은 간단한 코딩을 통해, ①학생들이 자신의 수학 점수를 입력하면 ②점수에 따른 등급이 정해지고, 학생들에게 ③등급에 따른 격려의 멘트를 발송해주는 프로그램을 만들었다. 이것을 합성함수의 개념을 사용하여 설명해보자.

이 프로그램은 두 개의 함수를 합성한 것이다. 첫 번째 함수는 (   )함수이고, 두 번째 함수는 (   )함수이다.
첫 번째 함수를 f라 하고 두 번째 함수를 g라고 하면 이 프로그램은 합성함수 기호를 사용하여 다음처럼 나타낼 수 있다. (   )

◾ 다음 프로그램(함수) 중에서 역함수가 가능한 프로그램(함수)을 찾아 'O' 표시해보자.

① 학생들의 이름을 입력하면 그 학생의 학번이 나오는 프로그램(함수) (   )
② 학생들의 이름을 입력하면 그 학생의 학년이 나오는 프로그램(함수) (   )

■ 우리가 사용하는 사칙연산을 생각했을 때, 함수의 합성함수와 역함수를 왜 연산이라고 하는지 자신의 생각을 써보자.

■ 아래 함수의 그래프를 조건에 맞게 이동한 그래프를 그리시오.

① x축으로 +1만큼, y축으로 −1만큼 평행이동

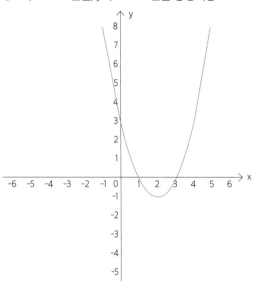

② x축에 대하여 대칭이동

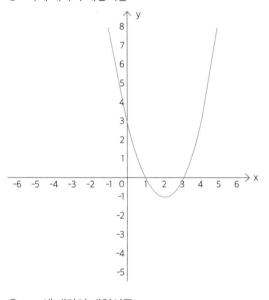

③ y축에 대하여 대칭이동

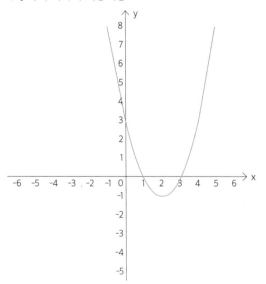

④ y=x에 대하여 대칭이동

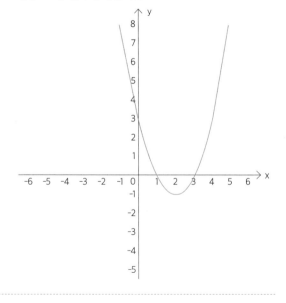

활용 팁   학생들의 이해도에 맞추어 원점에 대한 대칭이동이나, y=x에 대한 대칭이동 그리기는 생략할 수 있다.

본문 – 4부. 함수, 어디에 써먹을까?

활동 소개

가장 어려운 3부를 지나고 살짝 한숨을 돌릴 수 있는 부분이다. 먼저 함수가 우리 생활 곳곳에 숨어 있음을 보여주고, 수학과 과학의 발전을 가속화시킨 함수의 역할에 대해 이야기한다. 책에서 소개한 것 외에 함수가 활용되는 예를 직접 찾아보는 활동과 수학과 과학 분야에서 함수의 의미에 대한 이해를 돕는 활동으로 구성하였다.

■ **책에서 소개한 내용 외에 우리 주변에서 함수의 개념이 적용되고 있는 예를 들어보자.**

(1) 학교의 여러 상황이나 규칙, 제도 중에서 함수의 개념으로 설명할 수 있는 것이 있다면 찾아 적어보자.

> 예시) 학생마다 자신만의 학번이 주어지는 것을 함수라고 할 수 있다.

(2) 우리 생활 속에서 함수가 활용되는 상황에는 무엇이 있을까? 아래 보기와 같이 검색해보고 함수가 어디에 활용되는지 새롭게 알게 된 것을 써보자.

> 〈검색 방법〉
> ① 내가 관심 있는 단어를 하나 정한다.
> ② 그 단어와 '함수'를 묶어서 검색창에 입력한다.
> ③ 관련 기사나 글을 읽어보고 새롭게 알게 된 사실을 정리한다.
> ④ 의미 있는 검색 결과가 나오지 않는다면 단어를 바꾸어 다시 검색해본다.
> (예를 들어 내가 '게임'이라는 단어를 정한다면 '게임 함수', '게임과 함수' 등으로 검색창에 입력해보고 의미 있는 기사나 글을 찾아서 읽고 정리하면 된다.)

활용 팁 학교의 규칙이라고 썼더니 교칙이나 생활협약을 찾아보는 학생들이 있었다. 사전에 안내가 필요하다.

■ **함수는 왜 우리의 주변 곳곳에서 다양하게 쓰일까? 다음 활동을 통해 이유를 찾아보자.**

(1) 일반적으로 원인과 결과의 대응에는 다음과 같은 네 가지 유형이 존재한다. 이 유형 중에 함수에 해당하는 것을 찾아 'O' 표시해보자. (함수는 x에 의해서 y의 값이 하나로 정해지는 관계이다.)

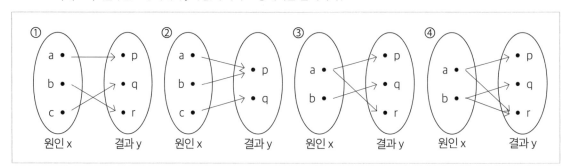

(2) (1)번의 각각의 유형을 원인과 결과의 관점에서 설명해보자.

① 어떤 원인으로 일어나는 결과는 (   ),
  어떤 결과의 원인도 (   ).
② 어떤 원인으로 일어나는 결과는 하나로 정해지지만, 어떤 결과의 원인은 하나로 특정할 수 없다.
③ 어떤 원인으로 일어나는 결과는 (   ),
  어떤 결과의 원인은 (   ).
④ 어떤 원인으로 일어나는 결과는 (   ),
  어떤 결과의 원인도 (   ).

(3) (2)번의 네 가지 상황 중 우리에게 유익한 것이 무엇인지 골라보고, 그 이유를 적어보자.

(4) 위의 활동을 바탕으로 함수가 무엇 때문에 우리 삶에서 유용하게 활용되고 있는지 정리해보자.

활용 팁

• 내용 출처: 『수학력』(나가노 히로유키, 어바웃어북), 167~169쪽.
• 함수는 원인 하나에 결과가 하나만 대응되므로 원인을 안다면 결과를 예측할 수 있다. 함수를 통해 우리는 직접 겪지 않고도 예측할 수 있다.

■ 다음은 이차방정식의 해를 구할 수 있는 근의 공식이다. 이 공식을 함수라고 할 수 있는지 판단하고 그 이유를 써보자.

이차방정식 $ax^2 + bx + c = 0$ (a, b, c는 실수 / $a \neq 0$ / $b^2 - 4ac \geq 0$)일 때,

$$x = \frac{-b \pm \sqrt{b^2 - 4ac}}{2a}$$

■ 수학 못지않게 과학시간에도 여러 가지 법칙과 관련된 공식이 많이 나온다. 공식도 하나의 함수라고 한다면 과학에서도 함수를 많이 활용하는 셈이다. 공부할 때는 복잡한 공식이지만 어떻게 공식(함수)이 과학의 발전에 도움이 되었는지에 대해 책의 내용을 정리해보자.

활용 팁

• 근의 공식을 두고 이차방정식마다 답이 나오는 공식이니까 함수라고 할 수 있다고 쓰는 학생도 있고, 이차방정식 하나에 답이 두 개가 나올 수 있으므로 함수가 아니라고 하는 학생도 있다. 학생들이 답을 맞추는 것보다 이런 의견을 내고 서로 이야기할 수 있는 분위기를 만들어주는 것이 좋다.

• 하단 문제는 예측과 관련된 앞의 활동과 연관하여 질문할 수도 있다.

본문 – 5부. 인공지능 시대의 함수

활동 소개

5부는 결국 입력과 출력으로 구성된 컴퓨터, 컴퓨터 프로그램, 앱, 인공지능 자체가 하나의 함수라는 것을 이야기하고 있다. 따라서 컴퓨터와 인공지능이 하나의 함수임을 잘 이해하고 있는지 정리해보는 활동으로 구성하였다.

■ 이 책에서 저자는 컴퓨터, 컴퓨터 프로그램, 인공지능, 머신러닝이 모두 '함수'라고 말한다. 책의 내용을 바탕으로 그 이유를 각각 정리해보자.

	함수인 이유
컴퓨터	
컴퓨터 프로그램	
인공지능	
머신러닝	

■ '함수가 일상을 바꾼다'라는 말의 의미가 무엇인지 책의 내용을 바탕으로 정리해보자.

책을 읽고 나서

활동 소개

책을 읽고 나서 함수에 대한 생각에 변화가 있는지, 새롭게 알게 된 것은 무엇인지 정리해볼 수 있는 활동으로 구성하였다. 학생들과 함께 책을 읽었다면 학기말 활동으로 '작가와의 만남'을 진행해보는 것도 추천한다. 책을 읽을 때는 힘들어 해도 작가와의 만남 후 학생들에게 아주 좋은 평가를 받았다.

■ 이 책을 읽고 나서 '함수'에 대해 내 머릿속에 떠오르는 단어들을 넣어보자.

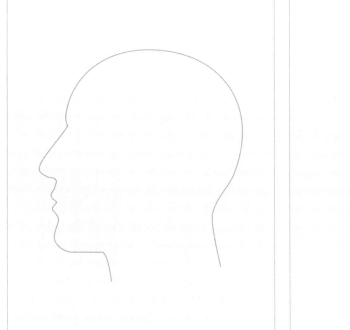

■ 이 책을 읽고 나서 함수에 대해 새롭게 알게 된 것이나, 이 책에서 인상 깊었던 내용이나 부분을 써보자.

■ 이 책을 끝까지 읽은 지금, 함수는 우리의 삶과 얼마나 밀접하다고 생각하게 되었는가? 수학이 쓸모없다고 생각하는 사람들에게 함수를 왜 알아야 하는지 이 책의 내용을 바탕으로 설득해보자.

■ 이 책에는 '함수(function)'라는 단어가 들어간 유명인들의 인용구가 불쑥불쑥 튀어나온다. 다음 활동을 함께 해보자.

(1) 책 속 인용구를 보면 수학자나 과학자가 아닌 사람들도 '함수'라는 단어가 들어간 말들을 많이 쓴다. 여기서 말하는 '함수'에는 어떤 의미들이 들어 있을까? 인용구 하나를 골라 거기에 사용된 '함수'는 어떤 뜻인지 정리해보자.

>>>> 내가 고른 인용구

>>>> '함수'의 문맥적 의미

(2) 가장 마음에 들었던 인용구는 무엇인지 쓰고 그 이유를 써보자.

>>>> 가장 마음에 들었던 인용구

>>>> 그 이유

(3) 내가 만약 '함수'가 들어간 멋진 명언을 남긴다면? 우리 학교 전설로 남을 멋진 명언을 만들어보자.

활용 팁

- (1)에서 학생들에게 각자 다른 인용구를 주고 그 속에 담긴 함수의 의미를 적어보게 한 다음 그 의미들을 모아서 워드아트(워드클라우드)를 만들어본다면 함수가 인간에게 어떤 의미로 사용되는지 파악해볼 수 있다.
- 책을 읽기 전에 인상 깊은 인용구가 나오면 표시해두라고 미리 일러두어야 한다.

지노 사이다 수학 시리즈 6 - 두근두근 확률과 통계

독서 활동지 활용법

활동 소개
독서 과정을 '읽기 전' '읽는 중' '읽은 후'로 나누고, '읽는 중'은 부별로 활동을 나누었습니다.
각 부의 내용을 정리하고 필요한 활동들을 소개하였습니다.

활동 카드
진행하는 교사가 실정에 맞게 재구성할 수 있도록 카드 형식으로 편집하였습니다.
독자 수준이나 독후 활동 가용 시간에 맞는 활동을 골라 진행하면 됩니다.

활용 팁
더 자세한 설명이 필요한 활동에 '활용 팁'을 넣었습니다.

책을 읽기 전에

활동 소개

학생들이 그나마 흥미를 가지는 단원일 수 있지만 실제로는 어떨지 물어보자. 학생들이 고등학교 교육 과정을 미리 들어서 그런지 '확통'이라고 말하는 경우가 많다. 관련하여 왜 확률과 통계를 함께 다루는 지 생각해보는 질문을 넣었다. 또한 저자에 대해 알아보자고 하며 저자의 블로그를 찾아보게 하였는데, 이는 수학과 관련된 자료가 많은 블로그를 한번 살펴보게 하려는 의도이다.

■ '확률과 통계'라는 말을 들었을 때, 떠오르는 것들을 세 가지 이상 자유롭게 적어보자. 단어도 좋고 문장도 좋다. 생각나 는 질문을 적어도 좋다. 떠오르는 것이 없다면 앞표지의 그림을 살펴보며 생각해보자. (단, '수학'이라고 쓰는 것은 금지)

■ 확률과 통계는 왜 짝을 이루고 있을까? 어떤 연관성이 있어서일까? 자신의 생각을 써보자.

■ 책 앞날개에 있는 저자의 블로그에 방문해보자. 블로그를 전반적으로 살펴보고 저자를 소개해보자. 저자의 블로그 에서 흥미를 끄는 글을 하나 찾아서 링크를 붙여보자.

(1) 저자는 이런 사람

(2) 저자의 블로그에서 가장 흥미 있었던 글

활용 팁
• 종이 활동지보다 워드클라우드를 만들어주는 앱에서 적어보게 하면 좋다.

• 확률과 통계가 짝을 이루는 이유는 중학교 1학년 통계, 2학년 확률 단원을 배운 뒤 다룰 만하다.

들어가는 글과 차례를 읽고

책을 읽을 때, 들어가는 글이나 차례를 대충 보는 경우가 많다. 하지만 들어가는 글과 차례는 본격적으로 책을 읽기 전에 책을 쓴 목적이나 책의 주제, 어떤 내용이 나올지를 알려주는 길잡이가 된다. 따라서 학생들이 미리 이 책의 내용과 주제를 예측해볼 수 있는 활동들을 구성하였다.

■ '들어가는 글'을 읽고 다음을 정리해보자.

(1) 일상생활에서 통계 데이터나 확률을 사용했던 사례를 떠올려 적어보자.

(2) 저자는 '들어가는 글'에서 "확률과 통계의 이해가 필요합니다"라고 두 번 강조했다. 그 이유를 정리해보자.

■ 책의 '차례'만 보고 이 책을 읽은 척해보자. 17개의 소제목을 잘 읽어보고 1부부터 5부까지 어떤 내용이 있는지 정리해보자.

>>>> 1부) 확률과 통계를 왜 배울까?

예시) 확률과 통계를 잘 알면 세상을 사는 데 도움이 되며 돈도 벌 수 있다?!

>>>> 2부) 확률과 통계, 무엇일까?

>>>> 3부) 확률과 통계, 어떻게 공부할까?

>>>> 4부) 확률과 통계, 어디에 써먹을까?

>>>> 5부) 인공지능 시대의 확률과 통계

본문 – 1부. 확률과 통계를 왜 배울까?

활동 소개

1부는 실생활에서 통계가 활용되는 모습을 보여주고 통계의 역사를 알려준다. 확률에서도 흥미로운 활용 예시 몇 가지와 함께 우리의 직관과 다른 결과를 보여주는 흥미로운 확률 문제 몇 가지를 제시하여 책의 도입부로서 관심을 불러일으킨다. 따라서 읽기 자료를 통해 통계의 역사는 수와 함께 시작된 것이라는 주장에 대해 생각해보고, 확률 실험을 통해 문제 해결을 위해 책을 끝까지 읽어야겠다는 생각이 들도록 활동들을 구성하였다.

수가 먼저일까? 통계가 먼저일까? 다음 글을 읽고 물음에 답해보자.

슐기 왕이 권좌에 오르기 한참 전부터 메소포타미아(오늘날 이라크 영토와 대략 일치)에는 수렵꾼과 채집꾼이 있었다. 메소포타미아인들은 기원전 8000년경에 벌써 부락을 이루고 곡식과 채소, 과일 농사를 짓기 시작했다. 결과는 대성공이었다. 거대한 강 두 줄기를 끼고 있는 지형적 특성과 탁월한 관개시설 덕분에 도시 전체가 먹고 살 만큼 수확량이 넉넉했다. 그러자 점점 더 많은 사람들이 도시로 몰려들고 도시 간 교류가 활발해졌다. 상인들은 물건을 팔아 큰돈을 벌 목적으로 전국을 종횡무진 누볐다. 이에 따라 전국을 관리할 중앙정부의 필요성이 대두되었다. 씨족 마을이나 부족 마을처럼 소수의 사람들이 모여 사는 곳에서는 질서가 잘 유지되었다. 서로가 서로를 속속들이 아는 소규모 공동체였기 때문이다. 그러나 도시 규모가 커지면서 통제가 어려워지자 도시국가 형태의 대규모 관리 체제가 들어섰다. 그리고 도시국가들은 세금을 인상했다!

증세는 생각만큼 쉽지 않았다. 숫자가 없었기 때문이다. 당시 납세는 나라에서 '대략' 책정한 곡물을 백성이 바치는 식이었다. 물론 백성들은 세금을 내고 나면 자신에게 얼마가 남을지 계산할 능력이 없었다. 나라에서는 해마다 똑같은 양의 세금을 징수한다는 보장도 없었다. 저마다 얼마만큼의 세금을 납부해야 하는지 삼삼오오 모여 수다를 떨 때면 장황한 설명이 이어졌다. ―『수학이 만만해지는 책』(스테판 바이스만, 웅진지식하우스) 중에서

(1) 위의 글을 통해 저자는 무엇을 이야기하려고 하는지 적어보자.

(2) 위의 글과 책의 내용을 연결하여 '수'와 '통계'의 관계를 정리해보자.

(3) '대상들을 모으고 종합해 그 개수를 세는 것'에 불과했던 통계의 가치를 높이기 위해서는 무엇을 할 수 있어야 할까? 책의 내용을 바탕으로 정리해보자.

■ 확률을 사용하여 의사결정을 한다면 세상을 살아가는 데 도움이 많이 될 것 같은데, 확률을 제대로 계산해보면 직관적인 느낌과 다른 경우가 참 많다. 그 예로 책에서 언급한 두 가지 문제에 대해 고민해보자.

(1) 우리 학년 친구들의 생일을 조사해서 반별로 생일이 같은 친구가 있는지 조사해보자. 생일이 같은 사람이 적어도 한 쌍 있는 학급은 몇 학급일까? 정말 책에서 말하는 것처럼 50% 이상이 될까? (물론 학급당 인원수가 23명 이상일 때.) 조사한 결과를 적어보고 실험 결과가 내 직관과 일치하는지 자신의 생각을 써보자.

학급	생일이 같은 사람 존재 여부(○, X)	조사 결과에 대한 내 생각

(2) 몬티홀 문제도 실험해보자. 문 대신 포스트잇 세 장의 뒷면에 상품을 써놓고(염소 2장, 자동차 1장) 모둠별로 진행자 1명, 참가자 3명을 정한다. 참가자가 각 세 번씩 총 아홉 번 시도해보고 언제 당첨되는지 결과를 정리한다. (바꿀지 바꾸지 않을지, 내 선택은 자유이다.) 실험 결과가 내 직관과 일치하는지 자신의 생각을 써보자.

이름	내 선택	당첨 여부	내 선택	당첨 여부	내 선택	당첨 여부
시도1						
시도2						
시도3						
실험 결과 정리와 내 생각						

활용 팁

- 학생들에게 한 학년 전체 학생의 생일 데이터를 제공한 후 활동하도록 한다. 구글 스프레드시트의 찾기 기능 등으로 쉽게 찾을 수 있게 할 수 있다.
- 몬티홀 실험의 재미를 위해 사탕이나 과자 같은 실제 상품을 걸고 실험할 수 있다.
- 모둠별로 실험 결과가 책에서 이야기한 것과 다를 수 있다. (바꾸지 않았을 때 더 당첨이 많이 될 수도 있다.) 각 모둠의 결과를 공유문서에 올려서 총 실험 횟수를 늘린 후 결과를 정리해보자.
- 각 조사와 실험의 결과에 대한 이유는 확률을 다 배운 후 다시 다루면서 풀어볼 수 있다. 그동안 궁금한 학생들이 고민해볼 시간을 주도록 하자.

본문 – 2부. 확률과 통계, 무엇일까?

활동 소개

2부는 통계를 활용하여 내가 궁금한 문제를 해결하는 과정을 보여주고, 확률의 역사적 배경을 보여주며 확률의 정의와 의미를 밝히고 있다. 또한 확률과 통계가 어떻게 연결되는지도 확인해볼 수 있다. 따라서 통계적 방법들을 통해 우리가 무엇을 알 수 있는지 정리해보고, 간단한 실습을 할 수 있도록 준비하였다. 확률의 정의와 의미를 정리해볼 수 있는 활동도 넣었다. 순열이나 조합은 중학교 교육과정에서는 어려울 수 있어서, 읽고 어떤 것인지 이해하는 정도로 하고 넘어가도록 한다.

■ **이 책의 3장과 4장에서는 통계를 활용하여 나의 궁금증을 해결하는 과정과 각 단계에서 내가 얻을 수 있는 정보가 잘 정리되어 있다. 각 단계에 대한 물음에 답해보며 내용을 정리해보자.**

(1) 첫 번째 단계는 가설을 설정하고 가설을 검증하기 위해 어떤 자료를 조사할지 정하는 과정이다. 다음 표를 채워보자.

가설	
조사할 자료	
조사할 자료를 선정할 때 주의할 점	

(2) 두 번째는 조사한 데이터를 다양한 방법으로 정리하는 단계이다. 각각의 방법에서 알 수 있는 것을 정리해보자.

막대그래프 선그래프	
도수분포표 히스토그램	
상대도수분포표	

(3) 세 번째는 조사한 데이터의 대푯값과 산포도를 구하는 단계이다. 대푯값과 산포도가 무엇을 알려주는지 정리해보자.

대푯값	
산포도	

(4) 네 번째 단계는 두 데이터의 상관관계를 구하는 것이다. 산점도와 상관계수로 알 수 있는 것이 무엇인지 정리해보자.

산점도	
상관계수	

(5) 앞의 네 단계를 통해 우리는 "비 오는 날 사람들은 밀가루 음식을 많이 찾는다"는 결론을 얻었다. 이 결론을 활용할 수 있는 사람은 누구인지, 어떻게 활용할 수 있는지 정리해보자.

(6) 책에서는 수집한 자료를 가지고 할 수 있는 모든 통계적 방법을 소개하고 있으나 실제로 우리가 결론을 내리는 데 필요하지 않은 것도 있다. 앞의 여러 방법들 중 굳이 적용하지 않아도 되는 것들을 골라보자.

(7) 김치전 말고 다양한 밀가루 음식과 비 오는 날과의 관계를 찾아보자. '네이버 데이터랩(https://datalab.naver.com)'에 들어가 '비 오는 날 음식'과 다른 밀가루 음식들과의 검색량을 비교해볼 수 있다. 책의 내용과 같이 2022년 7월의 검색량을 알아보고 알게 된 사실을 정리해보자.

활용 팁

- 책에서는 '블랙키위'라는 사이트에서 검색량을 조사하였는데, 회원 가입 등의 절차가 번거로워서 학생들에게는 네이버 데이터랩을 소개하였다.
- 주제어를 5개까지 선정하고 한 화면에서 5개의 그래프를 함께 볼 수 있어서 모양을 비교하기 좋다. 성별, 연령별 등으로 구분하여 찾을 수도 있고, 주제어와 유사한 연관 검색어를 입력하면 함께 찾아준다. 예를 들어 '김치전'만 찾는 것이 아니라 '김치전 레시피', '김치전 맛집' 등을 입력하여 유사한 검색어의 검색량을 함께 보여줄 수 있다.
- 유의할 점은 실제 변량을 알려주는 것이 아니라 네이버에서 해당 검색어가 검색된 횟수를 일별로 각각 합산하여 조회 기간 내 최다 검색량을 100으로 설정하고 상대적인 변화를 보여준다는 점이다. 따라서 그래프 모양을 보고 상대적 비교 정도를 할 수 있다.
- 자료를 엑셀 파일로 다운받을 수 있다. 엑셀 기능을 활용하여 산점도를 그려 상관관계를 확인할 수도 있다.

■ **확률은 무엇일까? 책의 시작에 나왔던 "신이 죽어버렸다고? 괜찮아, 확률과 통계로 되살아났으니까!"라는 말과 관련하여 다음 질문에 답해보자.**

(1) 유명한 철학자 니체가 말한 "신은 죽었다"의 의미와 상관없이, 여기서 '신'이 의미하는 것은 무엇일까? 확률이 나타나기 전에 우리는 신에게 무엇을 원했을까? ('인과관계'라는 단어를 사용하여 답을 써보자.)

(2) 확률이 신의 어떤 면을 대체한 것일까?

(3) 세상이 어떻게 변하면 확률이 필요 없어질까? 그것이 가능할까?

(4) 확률에는 판단 근거에 따라 여러 종류의 확률이 있다. 다음 표를 정리해보자.

종류	판단 근거
수학적 확률	
통계적 확률	
주관적 확률	

(5) 확률을 정확하게 구하기 위해서는 경우의 수를 빠짐없이 구하는 것이 중요하다. 이를 위해 사용할 수 있는 방법들을 찾아서 정리해보자.

(6) 지금까지 읽은 내용을 바탕으로 책을 읽기 전에 생각해보았던 '통계와 확률은 왜 짝을 이루는가?'에 대한 답을 찾아보자. ('데이터'라는 단어를 사용하여 답을 써보자.)

본문 – 3부. 확률과 통계, 어떻게 공부할까?

통계에서 중요한 것은 통계자료가 보여주는 대로 받아들이지 않고 자료를 비판적으로 잘 읽어내는 능력이고, 확률에서 중요한 것은 논리적으로 경우의 수를 잘 따져보는 것이다. 또한 이론적 확률을 기반에 두고 통계적 확률을 올바르게 활용하는 것도 중요하다. 따라서 특정 자료를 분석해보는 연습, 확률을 계산할 때 오류가 생기기 쉬운 부분을 찾아내는 활동들로 구성하였다. 확률분포함수나 확률밀도함수는 교육과정을 벗어나므로 이해가 가지 않으면 넘어가도록 한다.

■ 책에서 확률과 통계의 리터러시(독해력)을 기르기 위해 통계자료를 분석할 때의 유의점을 알려주고 있다. 책에서 알려준 유의점을 바탕으로 통계자료를 분석해보자.

> ※ 통계자료는 수업을 준비하는 교사가 적당한 것을 찾아 제시하도록 한다.
> 아래 질문에 대해 따져볼 수 있는 자료로서 활동하는 시기에 맞추어 관심을 가질 만한 주제로 찾아보도록 한다.
> 혹은 적당한 자료(데이터)를 생성형 AI 프로그램을 통해 만들 수도 있다.

(1) 아무런 분석 없이 통계자료를 보자마자 내릴 수 있는 결론을 먼저 써보자.

(2) 그래프의 축의 단위, 간격 등을 살펴 왜곡의 의도는 없는지 점검해보자.

(3) 평균 외의 다른 대푯값이나 산포도를 확인해보고, 분포에 대해 해석해보자.

(4) 조사 대상이 편중되지는 않았는지, 자료의 크기(조사된 변량의 개수)는 적당한지 판단해보자.

(5) (2)~(4)의 분석 결과, 해당 통계자료가 (1)과 같은 결론을 내리기에 적절한 근거가 되는지 종합적으로 판단해보자.

■ 사건과 경우의 수는 생각보다 복잡하다. 상황에 따라 고려해야 할 점이 많다. 책의 내용을 바탕으로 다음 질문에 답해보자.

(1) 아래 두 자물쇠의 비밀번호가 될 수 있는 모든 경우의 수를 구하려고 한다. 다음 표를 채워보자.

	버튼식 자물쇠	다이얼식 자물쇠
형태		
자격이 같은가 (순서를 따져야 하는가)		
중복을 허용하는가		

(2) 앞에서 조사해보았던 '각 학급에서 생일이 같은 학생이 존재하는가?'의 문제와 관련하여 '우리 학급에서 생일이 같은 사람이 적어도 한 쌍 있을 확률'을 구할 때, 어떤 방법이 더 편리할까?

(3) 아래 글을 읽고 도박사들의 판단에 어떤 오류가 있는지 독립사건과 종속사건의 개념과 연관하여 지적해보자.

주사위를 던질 경우 (정육면체의 모서리나 꼭짓점으로 서지 않는 한) 1에서 6의 숫자 중 한 개만이 나올 수 있습니다. 즉, 주사위를 던질 때의 확률은 $\frac{1}{6}$입니다. 이러한 조건에서 주사위를 100번 던질 때 99번의 시행까지 단 한 번도 숫자 1이 나오지 않았을 때 '다른 숫자들은 계속 나왔는데 숫자 1은 나오지 않았으니 100번째엔 1이 나올 거야'라고 판단하는 것을 도박사의 오류라고 말합니다.

활용 팁

• 구체적인 확률 계산을 시키면 학생들의 흥미가 떨어질 수 있으므로 계산 시 고려해야 할 부분이나 유용하게 사용할 수 있는 방법만 설명하도록 한다.
• 생일이 같은 사람이 적어도 한 쌍 이상 있을 확률을 실제로 함께 구해보아도 된다.

$$1 - \frac{365}{365} \times \frac{364}{365} \times \frac{363}{365} \times \cdots \times \frac{343}{365} \fallingdotseq 0.51$$

📓 내 계정의 유튜브에 접속하여 홈에 올라오는 영상이 어떤 분야인지 살펴보자.

(1) 내 계정에 올라오는 영상이 어떤 분야인지 정리해보자.

원래 관심 있는 분야	유튜브가 추천해준 분야

(2) 가끔 영상들을 보면 "(내가 구독하는) ○○ 채널의 시청자가 이 채널을 시청합니다"라는 멘트가 나올 때가 있다. 유튜브는 어떤 확률 계산을 통해 나에게 새로운 영상들을 추천하는지 조건부 확률 개념과 연관하여 추측해보자.

📓 앞에서 풀었던 도박사의 오류 문제로 돌아가보자. 주사위에 문제가 있지 않다면, 100번이라는 (우리가 생각하기에) 충분한 시행에서 1이 한 번도 나오지 않는다는 것은 불가능할 것 같고 큰 수의 법칙에도 맞지 않는 것 같다. 하지만 이것은 다시 큰 수의 법칙으로 설명이 가능하다. 다음 물음에 답해보자.

(1) 주사위를 100번 던질 때, 1이 한 번도 나오지 않을 확률은 얼마일까?

(2) 위의 계산과 큰 수의 법칙을 바탕으로 '주사위를 100번 던질 때, 1이 한 번도 나오지 않을 사건'이 일어나는 것에 대해 나의 생각을 정리해보자.

(3) 만약 주사위를 100번이 아니라 10,000번을 던졌는데도 1이 한 번도 나오지 않았다면, 통계적 확률과 이론적 확률 사이에서 우리는 어떤 판단을 내려야 할까?

🤖 **활용 팁**　학생들에게는 식만 세우게 한다. 계산기로 계산하면 0.00000000120746735이다.

본문 - 4부. 확률과 통계, 어디에 써먹을까?

4부에서는 확률과 통계가 우리의 일상생활부터 가설검증의 방법, 과학의 새로운 이론을 탄생시키는 곳까지 쓰인다는 점을 보여주는 동시에 확률과 통계를 잘 써먹을 수 있도록 여론조사 결과를 해석하는 법에 대해서도 알려주고 있다. 따라서 상관관계와 인과관계에 대해 생각해봄으로써 수학과 과학이 서로 영향을 끼치고 있다는 사실을 확인하고, 실제 여론조사 결과 기사를 가져와 책의 내용대로 분석하고 해석해보는 활동으로 구성하였다.

■ 데이터를 분석하면 어떤 현상의 원인이나 문제의 해결책을 찾을 수 있다고 한다. 반면에 이 책 83쪽에는 이런 말이 있다. 다음 물음에 답해보자.

> 통계학 입문 교과서에서 가장 먼저 배운 것 중 하나는
> '상관관계가 인과관계가 아니다'라는 것이다.
> 그것은 또한 가장 먼저 잊힌 것 중 하나다.
> ― 경제학자 토머스 소웰

(1) 상관관계와 인과관계의 뜻을 알아보고 '상관관계가 인과관계가 아니다'의 의미를 정리해보자.

(2) 상관관계에서 인과관계를 찾기 위해서는 무엇이 더 필요할까. 콜레라 전파의 원인을 찾아낸 사례를 예로 들어 설명해보자.

(3) 그렇다면 인과관계를 밝히지 못한 상관관계는 의미가 없을까? 우리는 이 자료를 어떻게 다루어야 할까? 나의 생각을 정리해보자.

(4) 양자역학의 등장으로 (1)~(3)에 해당하는 확률의 역할이 새롭게 바뀌었다. 양자역학의 전과 후에 확률의 역할이 어떻게 달라졌는지 정리해보자. ('인과관계'라는 단어를 넣어 설명해보자.)

양자역학 전 확률의 역할	양자역학에서의 확률의 역할

■ 여론조사 결과를 볼 때 우리가 고려할 것들이 많았다. 여론조사가 나온 기사를 검색해보고 거기서 우리가 꼼꼼히 살펴야 하는 것들을 찾아 해석해보자.

(1) 여론조사가 나온 기사 검색해서 넣기

(2) 신뢰도와 표본오차를 반영하여 여론조사 결과 해석하기

(3) 표본을 어떻게 선정했는지 찾아보고 문제가 없는지 살펴보기

(4) 검색을 통해 책에서 나온 《리더스 다이제스트》의 예측 실패의 이유를 찾아보자. 어떤 표본을 선택했기에 표본의 크기가 컸음에도 선거 결과 예측에 실패했을까?

(5) 평소 조사해보고 싶던 것이 있다면 한번 써보자. 그리고 조사를 위한 표본을 어떻게 선정하면 좋을지 생각해보자.

활용 팁

학생들의 조사 주제 중 토론하기 좋은 주제를 하나 선정하여, 그 표본을 어떻게 선정하면 좋을지 생각하며 함께 조건을 만들어가는 것도 좋다.

본문 – 5부. 인공지능 시대의 확률과 통계

활동 소개

5부는 인공지능(머신러닝)의 원리가 확률과 통계임을 이해시킨 후, 우리가 맹목적으로 인공지능의 결정을 따르지 않고 이론으로 검증하는 자세를 가져야 한다고 이야기한다. 또한 통계는 데이터에서 오는 것으로 좋은 데이터를 학습시키는 것이 중요하다는 것도 알려준다. 인공지능에게 무엇이든 묻고 결정하기를 좋아하는 학생들에게 인공지능의 답변을 어떻게 받아들여야 할지에 대해 고민할 수 있는 활동으로 구성하였다.

■ **통계와 확률은 인공지능의 원리 그 자체라고 할 수 있다. 책에서는 "통계를 토대로 확률적으로 문제를 푼다"라고 하였다. 이와 관련하여 물음에 답해보자.**

(1) 책에서 서로 다른 인공지능 번역기가 같은 문장에 대하여 서로 다른 영어 문장으로 답하였다. 서로 다른 인공지능이 아니라 같은 인공지능에서 같은 질문을 하더라도 어제 받은 답변과 오늘 받은 답변이 달라지기도 한다. 이런 현상이 왜 일어나는지 인공지능의 원리와 관련하여 설명해보자.

(2) (1)과 관련하여 인공지능의 답변을 무조건 믿고 따라도 되는지에 대해 나의 생각을 써보자.

(3) 인공지능이 올바른 방향으로 발전하는 데 필요한 것을 책의 내용을 바탕으로 정리해보자.

활용 팁

실제로 생성형 인공지능에게 각자 같은 질문을 하고 답변을 받는 활동을 해보는 것도 좋다. 답변을 하나하나 읽어보는 것이 번거롭다면 같은 조건을 주고 그림을 그려달라고 했을 때 모두 다른 그림을 그려주는 것을 확인해볼 수도 있다.

책을 읽고 나서

───── 활동 소개 ─────

책을 읽고 나서 확률과 통계에 대한 생각에 변화가 있는지, 새롭게 알게 된 것은 무엇인지 정리해보는 활동으로 구성하였다.

■ **1부 활동에서 실행했던 몬티홀 문제의 해답을 찾아보자.**

(1) 왜 선택을 바꾼 사람의 당첨될 확률이 더 높아질까? 이 결과에 동의하는가? 다음 글의 빈칸에 알맞은 숫자를 채우고, 자신의 생각을 적어보자.

> 많은 사람이 진행자가 염소가 있는 문을 열었으므로 고급 승용차를 받을 확률이 $\frac{1}{3}$ 에서 (   )로 커졌다고 생각해 처음의 선택을 바꾸지 않는다. (중략) 이 문제를 유명하게 만든 사람은 한때 최고의 아이큐 소유자로 기네스북에 등재되었던 메릴린 사반트였다. 그녀는 신문 칼럼에 이 문제의 풀이를 실었는데, 기사가 나가자마자 수많은 사람들이 그녀의 풀이가 틀렸다며 항의했다. 항의한 사람 중에는 수학자들도 있었다. 이들은 선택을 바꾸는 것과 상관없이 고급 승용차를 받을 확률이 (   )이라는 주장을 굽히지 않았다. ― 『이런 수학이라면 포기하지 않을 텐데』
> (신인선, 보누스) 중에서

(2) 다음 글의 표의 빈칸을 채운 후, 사반트는 선택을 변경했을 때 확률이 어떻게 변한다고 생각했는지 정리해보자.

> 사반트는 답답한 마음에 선택의 변경 여부에 따라 결과가 어떻게 되는지 다음과 같은 표까지 만들어 설명했지만, 치열한 논쟁은 계속되었다고 한다. ― 『이런 수학이라면 포기하지 않을 텐데』(신인선, 보누스) 중에서

선택한 1번 문을 유지하는 경우			
1번 문	2번 문	3번 문	결과(손해/이득)
승용차	염소	염소	
염소	승용차	염소	
염소	염소	승용차	

선택을 변경하는 경우			
1번 문	2번 문	3번 문	결과(손해/이득)
승용차	염소	염소	
염소	승용차	염소	
염소	염소	승용차	

■ 확률과 통계가 일상생활에서 아주 폭넓게 활용되고 있다는 사실은 이 책을 읽기 전부터 알고 있었을 것이다. 하지만 책을 통해서 좀 더 넓고 깊게 이해되었을 것이라고 믿는다. 이 책에서 새롭게 알게 된 것이나 인상 깊었던 내용을 활용하여 '인공지능 시대의 필수 교양, 확률과 통계'라는 주제로 카드뉴스를 만들어보자.

(1) 책의 내용 중 다른 사람들에게 소개하고 싶은 내용 선정하기 (주제 선정)

> ※ 한 가지만 정하지 말고 여러 가지 떠오르는 것을 다 적어보세요.

(2) 카드뉴스에 들어갈 내용 정리하기

(3) 책의 내용 외 관련 자료 검색하기

> ※ 검색 후 활용할 자료의 링크를 넣어주세요.

(4) 적당한 프로그램이나 사이트를 활용하여 카드뉴스 제작하기

> ※ 자신이 잘 활용할 수 있는 프로그램(제작 사이트)을 정하여 카드뉴스를 제작하세요.
> ※ 카드뉴스 제작에 활용한 책의 제목이나 온라인 자료의 출처를 꼭 밝혀주세요.
> ※ 사용한 이미지의 저작권도 잘 살펴보세요. (무료 저작권 이미지 사이트를 활용하세요.)

- -

활용 팁

- 카드뉴스를 만들 때 디지털 기기를 활용해야 하므로 활동지도 온라인으로 제작하여 작성하게 하고, 만드는 과정에서 피드백을 줄 수 있다.

- 모둠별 과제로 부여한다면 공유문서 앱을 활용하도록 하자.

- 주제 정하기 단계에서 고민한다면 먼저 책장을 넘겨보며 책의 내용을 마인드맵으로 정리하게 한 다음, 거기에 쓴 내용 중에서 소개하고 싶은 내용에 동그라미를 치게 할 수 있다.